NussKnacker 4

Mein Arbeitsheft

Herausgeber
Peter Herbert Maier, Karlsruhe

Autoren
Sabine Heinz, Pegnitz / Hollenberg
Birgit Herdegen, Thannhausen
Regina John, Landsberg am Lech
Karl Landherr, Thannhausen

Berater
Astrid Balzar, Bad Staffelstein
Brigitte Filler, Fürth
Katja Krellenberg, Neubiberg
Wolfram Kriegelstein, Schwabach
Johanna Ramm, Seeon
Nina Schlag, Wendelstein
Christine Schneider, München
Constanze Schürer, Möckenlohe
Simone Wagler, Münsingen
Barbara Walz, Pommersfelden
Christine Zetzmann, Bad Rodach

Ernst Klett Verlag
Stuttgart · Leipzig

1

a)

+	60	90	160	190	240
310					
740					
290					
570					

b)

–	3	50	170	180	290
420					
840					
530					
710					

2

Addiere in den Rechenmauern.

a)

Mauer 1: oben: _ ; Mitte: _ , _ ; unten: 120, 70, 180

Mauer 2: oben: _ ; Mitte: _ , _ ; unten: 90, 160, 50

Mauer 3: oben: _ ; Mitte: _ , _ ; unten: 140, 80, 130

b)

Mauer 1: oben: _ ; Mitte: _ , _ ; unten: 260, 85, 110

Mauer 2: oben: _ ; Mitte: _ , _ ; unten: 30, 175, 220

Mauer 3: oben: _ ; Mitte: _ , _ ; unten: 145, 280, 95

c)

Mauer 1: oben: 940 ; Mitte: 710, 230 ; unten: 280, 430, _

Mauer 2: oben: 860 ; Mitte: 520, _ ; unten: 190, _ , _

Mauer 3: oben: 980 ; Mitte: _ , 620 ; unten: _ , _ , 350

d)

Mauer 1: oben: 935 ; Mitte: 450, _ ; unten: _ , 175, _

Mauer 2: oben: 715 ; Mitte: _ , 245 ; unten: _ , 90, _

Mauer 3: oben: 1 000 ; Mitte: 555, _ ; unten: _ , 360, _

3

Multipliziere in den Malpyramiden.

a)

Pyramide 1: oben: _ ; Mitte: _ , _ ; unten: 2, 4, 2

Pyramide 2: oben: _ ; Mitte: _ , _ ; unten: 3, 2, 4

Pyramide 3: oben: _ ; Mitte: _ , _ ; unten: 5, 1, 9

Pyramide 4: oben: _ ; Mitte: _ , _ ; unten: 40, 2, 3

Pyramide 5: oben: _ ; Mitte: _ , _ ; unten: 7, 1, 60

b)

Pyramide 1: oben: 480 ; Mitte: 8, _ ; unten: 4, _ , _

Pyramide 2: oben: 160 ; Mitte: 40, _ ; unten: 1, _ , _

Pyramide 3: oben: 240 ; Mitte: _ , 6 ; unten: _ , _ , 3

Pyramide 4: oben: 360 ; Mitte: _ , 60 ; unten: _ , _ , 30

Pyramide 5: oben: 400 ; Mitte: _ , 80 ; unten: _ , 1, _

1 Q

a)
457 + 28 = ____ 17
457 + 47 = ____ 9
457 + 69 = ____ 13
457 + 85 = ____ 11

b)
324 + 568 = ____ 19
278 + 274 = ____ 12
435 + 287 = ____ 11
783 + 169 = ____ 16

c)
127 + 294 + 57 = ____ 19
382 + 165 + 293 = ____ 12
563 + 158 + 46 = ____ 20
234 + 267 + 153 = ____ 15

2 Q

a)
741 – 54 = ____ 21
741 – 67 = ____ 17
741 – 79 = ____ 14
741 – 82 = ____ 20

b)
468 – 174 = ____ 15
679 – 396 = ____ 13
342 – 185 = ____ 13
514 – 267 = ____ 13

c)
834 – 657 = ____ 15
928 – 439 = ____ 21
712 – 518 = ____ 14
646 – 376 = ____ 9

1

a)

·	20	40	60	30
5				
9				
7				
8				

b)

·	30	80	70	50
6				
8				
4				
3				

2 Q

a)
5 · 40 = ______ 2
3 · 90 = ______ 9
4 · 80 = ______ 5
7 · 60 = ______ 6

b)
8 · 46 = ______ 17
7 · 35 = ______ 11
9 · 24 = ______ 9
5 · 87 = ______ 12

c)
6 · 79 = ______ 15
4 · 52 = ______ 10
3 · 68 = ______ 6
2 · 93 = ______ 15

d)
73 · 4 = ______ 13
81 · 6 = ______ 18
25 · 9 = ______ 9
54 · 8 = ______ 9

3

a)
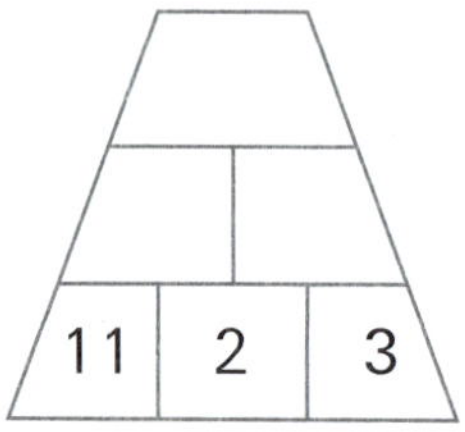

b)
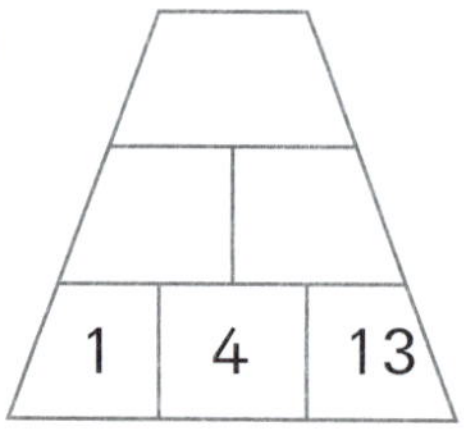

c)
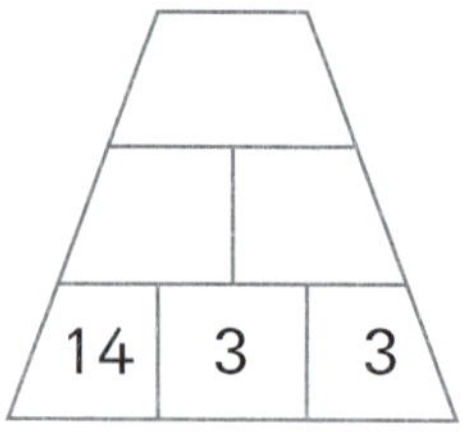

d)
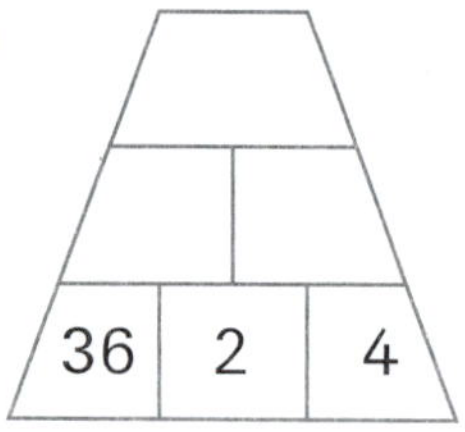

1

a)

:	2	4	6	3
120				
240				
180				
480				

b)

:	2	8	4	5
160				
240				
320				
400				

2 Q

a) 64 : 4 = ____ 7
87 : 3 = ____ 11
96 : 6 = ____ 7
72 : 2 = ____ 9

b) 440 : 5 = ____ 16
203 : 7 = ____ 11
594 : 9 = ____ 12
624 : 8 = ____ 15

c) 130 : 3 = ____ R ____
200 : 6 = ____ R ____
476 : 8 = ____ R ____
542 : 7 = ____ R ____

3

a)
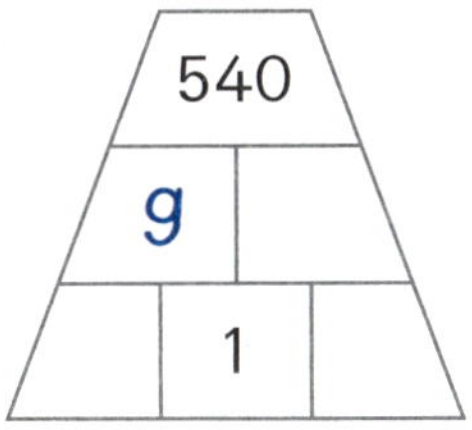

b)
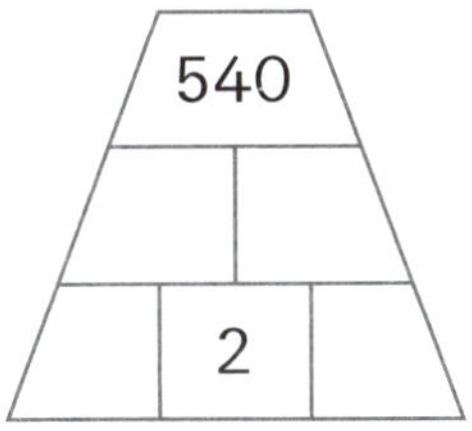

c)
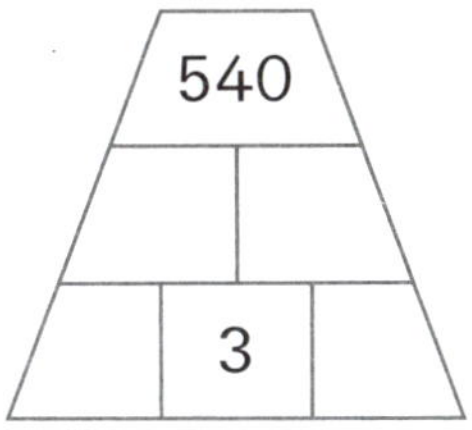

d)
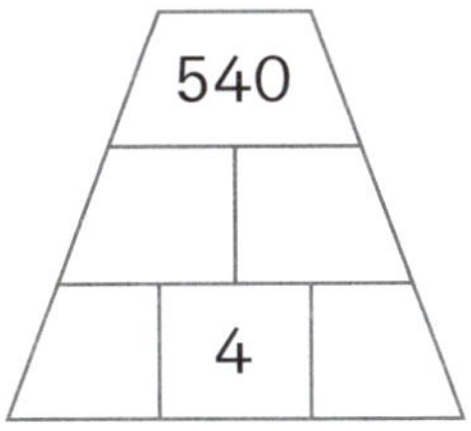

1 Bilde aus den roten Zahlenfahnen dreistellige Zahlen.
Ordne die Zahlen der Größe nach. Beginne mit der kleinsten.

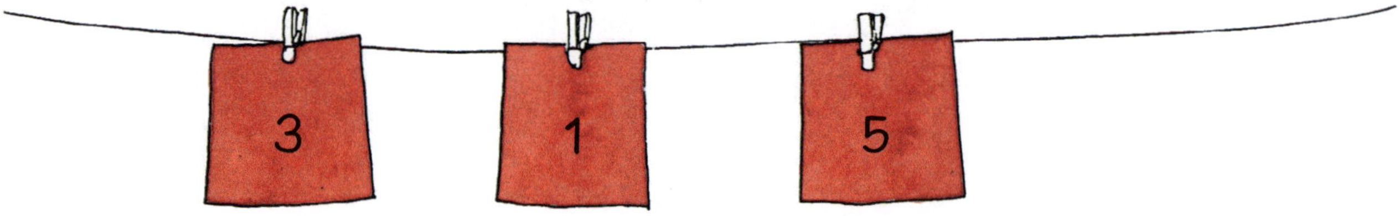

___ ___ ___ ___ ___ ___

2 Wähle jeweils 2 dreistellige Zahlen von Aufgabe 1 und subtrahiere sie voneinander.

a) Finde eine Subtraktionsaufgabe:
- mit dem Ergebnis 36. ___
- mit dem Ergebnis 360. ___
- mit dem größtmöglichen Ergebnis. ___

b) Finde jeweils 2 Subtraktionsaufgaben:
- mit dem Ergebnis 162. ___ ___
- mit dem Ergebnis 216. ___ ___
- mit dem Ergebnis 378. ___ ___

3 Bilde aus den gelben Zahlenfahnen dreistellige Zahlen.
Schreibe sie geordnet auf. Beginne mit der kleinsten Zahl.

___ ___ ___ ___ ___ ___

4 Wähle jeweils 2 dreistellige Zahlen von Aufgabe 3 und subtrahiere sie voneinander.

a) Finde Subtraktionsaufgaben, bei denen das Ergebnis in der Einerstelle:
- 3 beträgt. ___ ___
- 0 beträgt. ___ ___ ___
- 4 beträgt. ___ ___ ___ ___

b) Finde Subtraktionsaufgaben, bei denen das Ergebnis in der Hunderterstelle:
- 0 beträgt. ___ ___ ___
- 5 beträgt. ___ ___ ___ ___

10

1

Hohe Türme, berühmte Türme, alte Türme

Fernseh-und Aussichtsturm, Tokyo Skytree, Japan. Mit 634 m Höhe ist dies der höchste Fernsehturm der Welt. Die oberste Aussichtsplattform befindet sich auf 450 m. Restaurants befinden sich 100 m darunter.

Fernsehturm, Berlin, D. Der 368 m hohe Fernsehturm steht auf dem Alexanderplatz. Das berühmte Telecafé befindet sich in 208 m Höhe. Es dreht sich zweimal pro Stunde um die eigene Achse und bietet wunderbare Rundumaussichten.

Eiffelturm, Paris, Frankreich. Der Eiffelturm wurde bereits 1889 zur Weltausstellung erbaut und war damals das höchste Bauwerk der Welt. Er ist 300 m hoch, später wurde noch eine 24 m hohe Antenne aufgesetzt. Plattformen gibt es in 58 m, 115 m und 276 m Höhe.

a) Schreibe die Turm-Informationen in die Tabelle.

Name des Turms	Stadt	Höhe in Metern	Höhe der Aussichtsplattformen, Restaurants oder Cafés in Metern		
			1.	2.	3.
Fernseh- und Aussichtsturm	Tokyo	634	450	350	
Fernsehturm	Berlin	368			208
Eiffelturm	Paris	300	58	115	276

b) Verbinde Frage und Lösungshilfe, die zusammenpassen.

c) Vervollständige die Lösungshilfen.

A Wie hoch ist der Eiffelturm mit Antenne?

B Wie viele Meter ist der Fernseh- und Aussichtsturm höher als der Fernsehturm Berlin? Und wie viele Meter höher als der Eiffelturm?

634 m – 368 m = 266 m

634 m – 300 m = 334 m (310 m)

C Wie lange muss ich im Telecafé bleiben, wenn ich mich 11-mal rundherum drehen möchte?

30 min · 11 = 330 min

Rechnung:

300 m + 24 m = 324 m

Skizze:

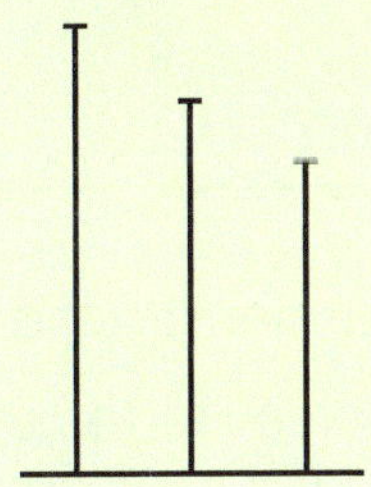

Tabelle:

Stunden	Runden
1	2
2	4
3	6
4	8
5	10
5,5	11

12 | 13

1 Wie viele Millimeterquadrate sind es? A: 2730 B: 1380 C: 1325

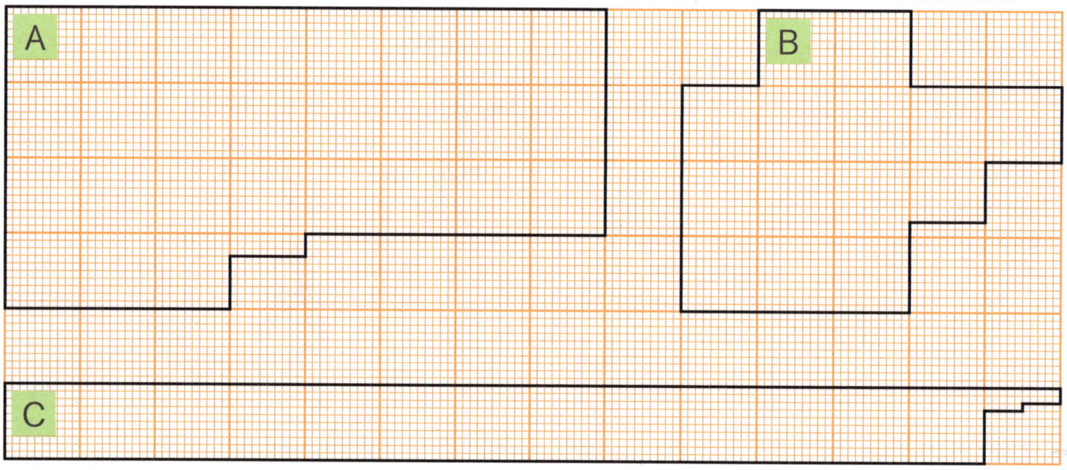

2 Zeichne 2 Felder mit Millimeterquadraten. Feld A: 1 550 Feld B: 3 475

3

6 528 = 6 000 + 500 + 20 + 8
9 371 = ____ + ____ + ____ + ____
4 660 = ____ + ____ + ____ + ____

3 604 = ____________
8 080 = ____________
5 005 = ____________

4 Wie lang wird etwa die Strecke, wenn 10 000 Mathehefte aneinandergelegt werden?
Miss die Länge deines Heftes und überlege,
wie viele Hefte du etwa für einen Meter brauchst.
Rechne weiter und fülle die Tabelle aus.

Hefte	Länge
	1 m
	2 m
	10 m
	m
	m
10 000	m

16 17

1 Setze verschiedene Teile zu vier- oder fünfstelligen Zahlen zusammen. Schreibe 10 Zahlen auf.

tausend | zwanzig | sieben | hundert | neun | dreiundachtzig

9720, 9783, 9020, 9007, 7020,
83900, 83700, 83020, 83009, 83007

2 Bilde fünfstellige Zahlen. Suche jeweils die kleinste und die größte Zahl.

a) 2 7 5 3 9 — 23579, 97532

b) 4 9 1 0 1 — 10149, 94110

c) 3 4 8 0 3 — 30348, 84330

d) Welche anderen Zahlen lassen sich mit den Ziffern 3 4 8 0 3 noch bilden? Schreibe 6 Zahlen auf.

33048, 33084, 34308, 34380, 84303, 84033

3

a)

H	T	E	Z
3	6	2	4

6342

b)

T	E	H	Z
8	7	1	5

8157

c)

H	E	T
6	9	1

1609

d)

T	E
3	8

3008

e)

ZT	H	Z	E	T
2	4	3	1	7

27431

f)

T	Z	ZT	E	H
1	8	4	3	5

41583

g)

E	Z	ZT
2	9	6

60092

h)

H	ZT
7	7

70700

4

a) 20 000 + 8 000 + 300 + 60 + ___ = 28 369
___ + 3 000 + 100 + ___ + 5 = 83 195
50 000 + ___ + 700 + ___ + 1 = 56 771
30 000 + 9 000 + ___ + 20 + ___ = 39 028

b) ___ + ___ + ___ + ___ + ___ = 60 366
___ + ___ + ___ + ___ + ___ = 72 002
___ + ___ + ___ + ___ + ___ = 40 404
___ + ___ + ___ + ___ + ___ = 98 020

Zahlenstrahl bis 100 000

1

4 956	4 972	4 984	4 990	5 015	5 025	5 039	5 052

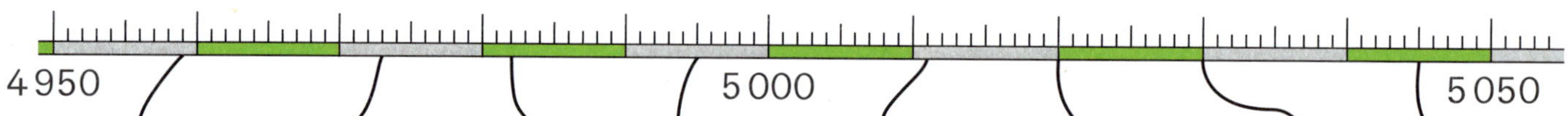

4 959	4973	4982	4995	5011	5020	5030	5045

2

Beschreibe die Zahlenfolgen und setze sie fort.

3 550	3 570	3 590	3610	3630	3650	3 670	3 690
5 440	5 490	5 540	5590	5 640	5 690	5 740	5 790
25 900	26 100	26 300	26 500	26 700	26 900	27 100	27 300
1910	7910	13910	19 910	25 910	31 910	37910	43910
88050	87 930	88 080	87 960	88 110	87990	88140	88 020

(−120, +150, −120, +150, −120, +150)

3

Ordne nach der Größe. Beginne mit der kleinsten Zahl.

a) 4 371, 1 473, 3 174, 3 147, 1 734

1473
1734
3147
3174
4371

b) 24 680, 26 480, 24 860, 64 820, 62 480

24680
24860
26480
62480
64820

c) 67 766, 67 667, 66 776, 67 676, 66 767

66767
66776
67667
67676
67766

4

a) 4 900 + ______ = 5 000
4 700 + ______ = 5 000
4 950 + ______ = 5 000
4 870 + ______ = 5 000

b) 5 800 − ______ = 5 000
5 330 − ______ = 5 000
5 999 − ______ = 5 000
6 001 − ______ = 5 000

c) 2 499 + 2501 = 5 000
7 510 − 2510 = 5 000
8 140 − 3140 = 5 000
4 601 + 399 = 5 000

22

1

39 570	39 760	39 820	39 990	40 020	40 150	40 310	40 430

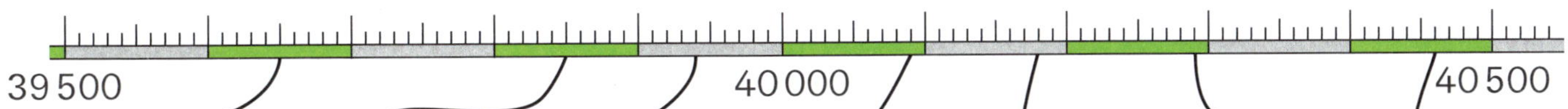

39 650						

2

a)

Vorgänger	Zahl	Nachfolger
2 571	2 572	
	94 749	
	36 100	

b)

Nachbar-zehner	Zahl	Nachbar-zehner
3 140	3 148	
	51 622	
	60 904	

c)

Nachbar-hunderter	Zahl	Nachbar-hunderter
	15 879	
	9 901	
	30 093	

d)

Nachbar-tausender	Zahl	Nachbar-tausender
	42 189	
	8 073	
	79 606	

3

a) Runde auf Zehner:

12 357 ≈ 12 360
47 043 ≈ ______
61 798 ≈ ______

b) Runde auf Hunderter:

32 557 ≈ ______
32 546 ≈ ______
54 968 ≈ ______

c) Runde auf Tausender:

96 735 ≈ ______
96 204 ≈ ______
81 399 ≈ ______

4 ✿

Welche Zahlen könnten gerundet worden sein?
Streiche falsche Zahlen durch und schreibe jeweils noch 2 passende Zahlen dazu.

a)

Gerundet: 79 490
79 492 ✓
~~79 501~~
79 487
79 495
______
______

b)

Gerundet: 66 600
66 539
66 617
67 601
66 550
______
______

c)

Gerundet: 51 000
51 333
52 009
50 842
51 499
______
______

Vorteilhaft addieren mit großen Zahlen

1 Schreibe zu jeder Aufgabe den Lösungsbuchstaben.

Aufgabe	Ergebnis	Buchstabe
507 + 27 320 =	27 827	R
3 998 + 54 412 =	58410	A
65 721 + 5 999 =	71720	B
55 222 + 3 501 =	58723	E
8 415 + 71 005 =	79 420	N
46 101 + 31 099 =	77200	S
32 431 + 4 999 =	37430	T
27 210 + 31 200 =	58 410	A
4 999 + 22 828 =	27827	R
7 065 + 91 405 =	98 470	K
38 724 + 19 999 =	58723	E

Aufgabe	Ergebnis	Buchstabe
5 005 + 53 405 =		
8 012 + 72 003 =		
7 299 + 85 021 =		
12 232 + 3 999 =		
38 411 + 19 999 =		
50 721 + 20 999 =		
722 + 58 001 =		
70 421 + 8 999 =		
7 003 + 22 996 =		

58 410	A	37 430	T
29 999	!	71 720	B
77 200	S	80 015	U
98 470	K	92 320	F
27 827	R	58 723	E
79 420	N	16 231	G

2 Setze jeweils die Ziffern 1, 3, 5, 7 und 9 in die gelben Felder so ein, dass das Ergebnis möglichst nahe an 10 000 liegt. Berechne das Ergebnis.

a)
```
   6 5 3 1
 + 3 4 7 2
 ---------
 1 0 0 0 3
```

b)
```
   2 3 2 3
 + 7 6 7 6
 ---------
   9 9 9 9
```

c)
```
   5 6 3 2
 + 4 3 6 7
 ---------
   9 9 9 9
```

d)
```
   3 4 9 8
 + 5 9 3 9
 ---------
   9 4 3 7
```

e)
```
   _ _ 4 _
 + 6 _ _ 2
 ---------
```

f)
```
   _ 4 8 _
 + _ _ _ _
 ---------
```

g)
```
   _ 2 _ _
 + _ _ _ 8
 ---------
```

h)
```
   _ _ _ 7
 + _ 3 _ _
 ---------
```

 26 27

1 Schreibe zu jeder Aufgabe den Lösungsbuchstaben.

66 988 − 199 = ______ ___
47 978 − 47 918 = ______ ___
98 593 − 5 999 = ______ ___
66 508 − 4 998 = ______ ___
96 592 − 3 998 = ______ ___
78 493 − 77 393 = ______ ___

94 652 − 93 552 = ______ ___
99 593 − 6 999 = ______ ___
69 788 − 2 999 = ______ ___
58 651 − 51 651 = ______ ___
19 479 − 19 079 ______ ___
93 593 − 999 = ______ ___
76 928 − 76 528 = ______ ___

36 698 − 10 098 = ______ ___
98 547 − 92 147 = ______ ___
68 593 − 6 998 = ______ ___

65 593 − 3 998 = ______ ___
52 988 − 51 888 = ______ ___
28 911 − 22 511 = ______ ___
68 787 − 1 998 = ______ ___
74 449 − 3 999 = ______ ___
88 888 − 88 748 ______ ___

66 789	C	400	N	140	!
60	L	6 400	I	70 450	K
7 000	H	92 594	E	61 595	T
61 510	V	26 600	M	1 100	R

2 Setze jeweils die Ziffern 2, 3, 5, 6 und 7 in die gelben Felder so ein, dass das Ergebnis möglichst nahe an 1 000 liegt. Berechne das Ergebnis.

a) 5 □ 9 □ − □ 4 □ 1
b) 9 □ 9 □ − □ 4 □ 4
c) □ 8 □ 4 − 4 □ 1 □
d) □ 7 □ 9 − 3 □ 2 □

e) □ □ 4 □ − 4 □ □ 1
f) □ 2 □ 5 − □ □ 3 □
g) □ 8 1 □ − □ □ □ □
h) □ 0 □ □ − □ □ □ 1

1 Wer sitzt in der Höhle?
Löse und verbinde die Ergebnisse.

a) 3647 + 2731

b) 6420 − 3579

c) 2594 + 7607

d) 78034 − 24618

e) 16003 + 3494

f) 18742 − 6375

g) 74336 + 10793

h) 83000 − 65234

i) 4634 + 976 + 2667

j) 95432 − 12468

k) 36402 + 24819

l) 1847 + 5339 + 2008

m) 16275 + 17846

n) 10000 − 4986

o) 13498 + 8543

p) 65879 − 24567

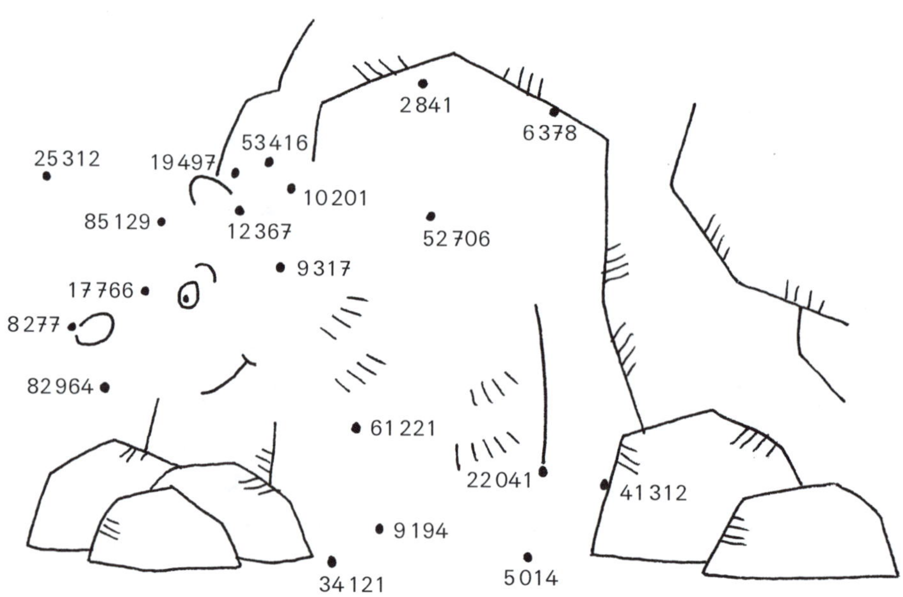

1

70 | 200 | 50 | 300 | 80 | 400

3 000 | 10

5 | 600

90 | 0

80 | 100

200 | 50

50 | 700

4 000 | 70 | 20 | 7 | 60 | 3 000

70 · 100 = 7 000
___ · ___ = ___
___ · ___ = ___

___ · ___ = ___
___ · ___ = ___
___ · ___ = ___

___ · ___ = ___
___ · ___ = ___
___ · ___ = ___

___ · ___ = ___
___ · ___ = ___
___ · ___ = ___

2

a) 5 500 · 10 = ___
5 000 : 10 = ___
505 · 10 = ___
550 : 10 = ___
5 050 · 10 = ___

b) 99 000 : 1 000 = ___
90 · 1 000 = ___
9 900 : 10 = ___
909 · 100 = ___
90 900 : 100 = ___

c) 450 : 90 = ___
4 500 : 90 = ___
45 000 : 900 = ___
4 500 : 900 = ___
45 000 : 9 000 = ___

d) 7 200 : 80 = ___
7 200 : 800 = ___
720 : 8 = ___
72 000 : 8 000 = ___
72 000 : 80 = ___

1 Verbinde jeweils 2 Zahlen und rechne.

280	6	20 000	1 200	4	18 000
40 000					7
5					3
5 000					3 600
8					10
90					5
200					6 000
4	6	800	2	9	100

280 : 7 = 40
___ : ___ = ___
___ : ___ = ___
___ : ___ = ___
___ : ___ = ___
___ : ___ = ___
___ · ___ = ___
___ · ___ = ___
___ · ___ = ___
___ · ___ = ___
___ · ___ = ___
___ · ___ = ___

2

800 : 2 = 400	S
1 000 : 5 = ___	___
3 520 : 5 = ___	___
4 200 : 60 = ___	___
81 000 : 90 = ___	___
10 000 : 100 = ___	___

___	1 060 : 2 = ___
___	3 204 : 4 = ___
___	4 800 : 8 = ___
___	3 507 : 7 = ___
___	5 600 : 8 = ___
___	2 409 : 3 = ___

3

:	2	7	10
7 000	3500		
7 001	3500 R1		
7 002			
7 003			

:		6	
1 800	600		
		300 R2	
1 804			200 R4
		301	

1

Ein Zug fährt planmäßig um __________ ab und kommt ______________ mit einer ______________ von 12 min am Zielbahnhof an. Bei der Fahrt legt er __________________ 80 km in der Stunde zurück.

nach 5 h | Fahrzeit | Verspätung | 11.36 Uhr | durchschnittlich | täglich

a) Welche Informationen passen in den Text? Setze ein.

b) Wann hätte der Zug planmäßig ankommen müssen?

____

c) Wie weit ist der Zug ungefähr gefahren?

____

2

Welche Informationen brauchst du, um die Fragen zu beantworten? Verbinde und löse.

a) Was zeigt der Kilometerzähler bei der Pause?

____

b) Wann kommt Frau Reichert in Cham an?

____

c) Wie viele Kilometer ist Frau Reichert insgesamt ungefähr gefahren?

____

d) Was zeigt der Kilometerzähler bei der Ankunft ungefähr an?

____

- Frau Reichert besucht eine Freundin in Cham.
- Bei der Abfahrt zeigt der Kilometerzähler 54 347 km.
- Um 12.15 Uhr fährt sie von zu Hause los.
- Sie fährt im Durchschnitt 80 km in einer Stunde.
- Nach 183 km macht sie eine kurze Pause von einer viertel Stunde.
- Insgesamt ist sie $3\frac{1}{2}$ Stunden unterwegs.

1 Frau Gruber möchte einen 1,50 m langen Schal stricken. Von Montag bis Freitag schafft sie täglich 20 Zentimeter. Wie viele Zentimeter muss sie über das Wochenende (Samstag und Sonntag) noch stricken, wenn der Schal fertig werden soll?

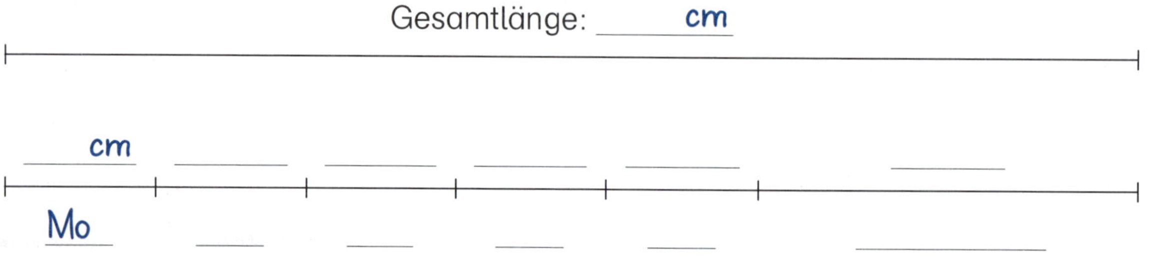

A: ______________________________

2 Herr Schmidt möchte sein Gartengrundstück mit einem Maschendrahtzaun einzäunen. Dazu will er alle 2 m einen Holzpfosten setzen. Die Gartentür (1 m breit) und das Tor für die Einfahrt (4 m breit) hat er bereits an Betonpfosten montiert.
Wie viele Holzpfosten und wie viele Meter Maschendrahtzaun benötigt er?

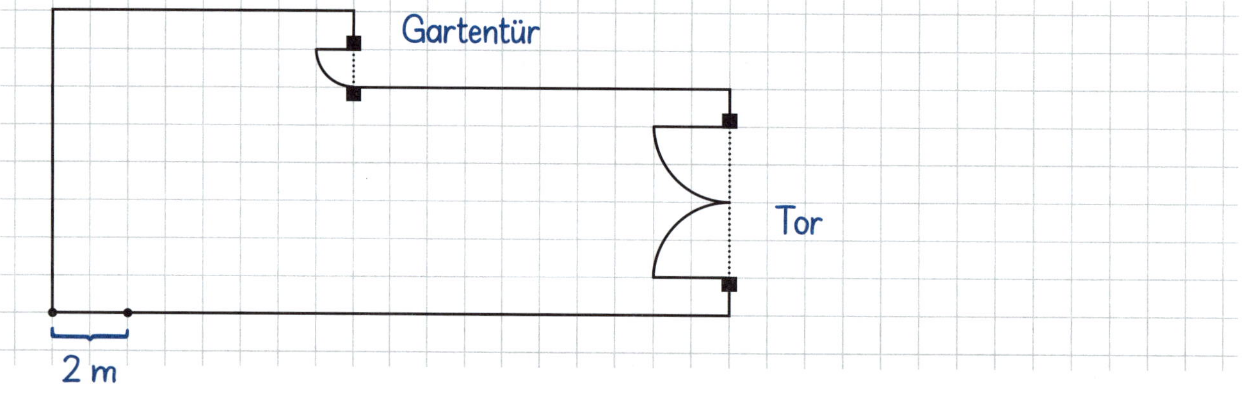

Zeichne die Pfosten ein, löse und antworte.

A: ______________________________

3 Eine 2,10 m hohe Leiter, deren erste und letzte Sprosse je 25 cm von den Enden entfernt ist, hat insgesamt 5 Sprossen.
Welchen Abstand haben sie zueinander?
Erstelle eine einfache Skizze, löse und antworte.

1 Trage die Angaben nach der Länge geordnet in die Tabelle ein.

6 km 7 m	670 m
7600 m	760 m
6070 m	6 km 700 m
7 km 60 m	7006 m

1 km	100 m	10 m	1 m	
7	6	0	0	7600 m
7	0	6	0	7060 m
7	0	0	6	7006 m
6	7	0	0	6700 m
6	0	7	0	6070 m
6	0	0	7	6007 m
	7	6	0	760 m
	6	7	0	670 m

2

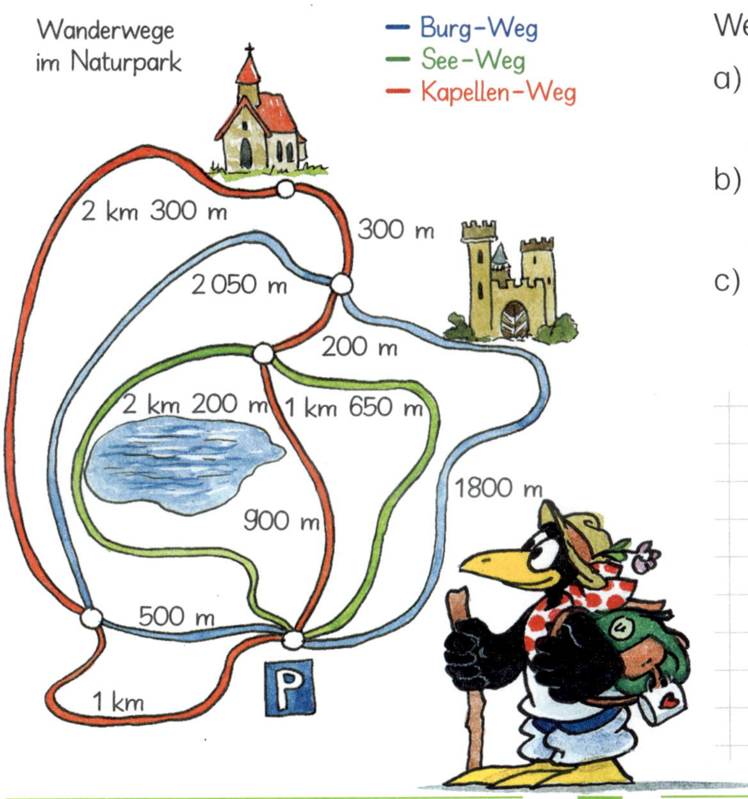

Welche Wege wurden gewandert?

a) Wir sind 3 km und 850 m gegangen.
See – Weg

b) Unser Weg war 4 km 350 m lang.
Burg – Weg

c) Unser Weg war fast 5 km lang.
Kapellen – Weg

3 Runde auf volle Kilometer.

4785 m ≈ 5 km
6050 m ≈ ____
952 m ≈ ____
4075 m ≈ ____

8 km 520 m ≈ ____
5 km 735 m ≈ ____
1 km 802 m ≈ ____
14 km 490 m ≈ ____

4 Male gleiche Längenangaben mit derselben Farbe an.

3500 m | 7 km 85 m | 3050 m
3 km 50 m | 7850 m
3 km 500 m | 7 km 850 m
7085 m | 0 km 785 m | 785 m

1

a) Wie lang ist jedes Stück? Rechne in cm.

200 cm : 4 = 50 cm

A: Jedes Stück ist 50 cm lang.

b) Tine hat insgesamt 10 solcher Stücke.

Welche Länge ergeben alle zusammen?

50 cm · 10 = 500 cm

A: Tine hat insgesamt 500 cm Schnu

2

Wie viele Kilometer läuft jeder in einer Woche? Rechne in Meter.

Ines:
2500 m · 3 = 7500 m
A: Ines läuft 7500 m.

Uli:
1500 m · 7 = 10500 m
A: Uli läuft 10500 m.

Jan:
3500 m · 2 = 7000 m
7000 m + 3500 m =
= 10500 m

A: Er läuft 10500 m.

A.V

3

Reichen 5 m Geschenkband, wenn man für die Schleife 40 cm braucht?

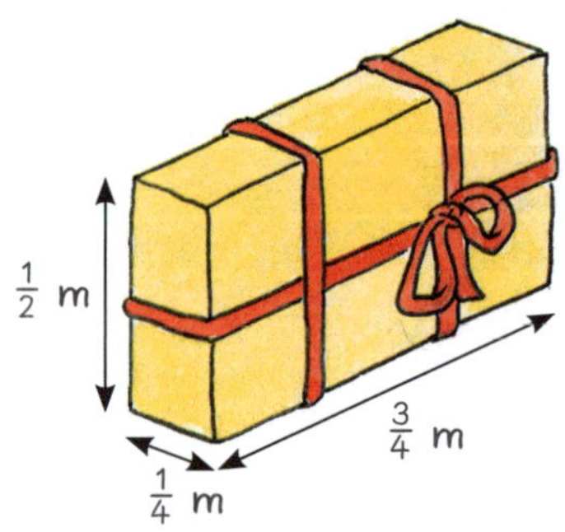

50 cm · 4 = 200 cm
75 cm · 2 = 150 cm
25 cm · 6 = 150 cm

200 cm + 150 cm + 150 cm +
+ 40 cm = 540 cm

A: Es reicht nicht.

4

Male gleiche Längenangaben mit derselben Farbe an.

0,5 m · 250 m · $\frac{1}{2}$ m · 2 km 500 m · $2\frac{1}{2}$ km · 2 500 m

zweieinhalb Kilometer · 50 cm · 0,75 m · 75 cm

$\frac{1}{4}$ km · ein viertel Kilometer · $\frac{3}{4}$ m · ein halber Meter

1

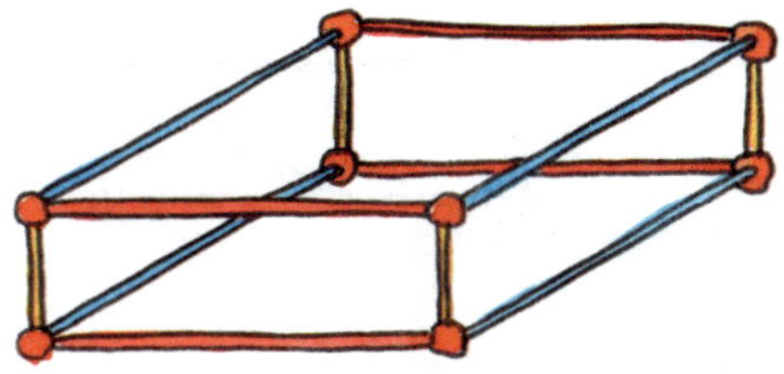

Körper 1

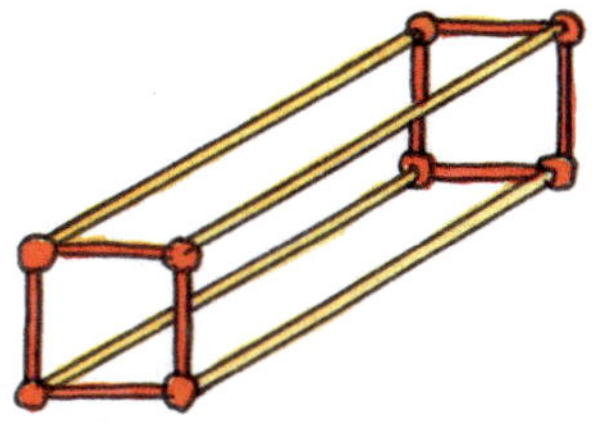

Körper 2

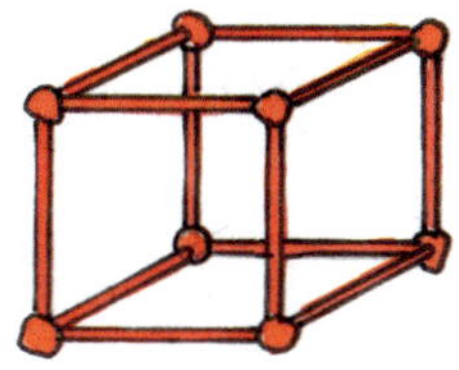

Körper 3

	Ecken	Seitenflächen	quadratische Seitenflächen	Kanten	unterschiedliche Kantenlängen
Körper 1	8				
Körper 2					
Körper 3					

Körper 1 ist ein ____________.

Körper 2 ist ein ____________.

Körper 3 ist ein ____________.

2

Zeichne die Schnittflächen.

a)

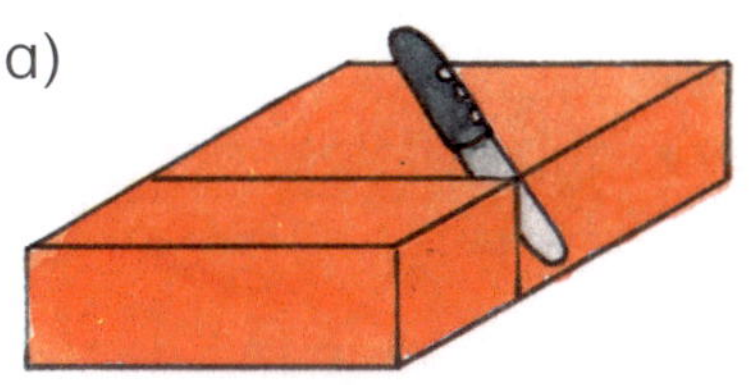

b)

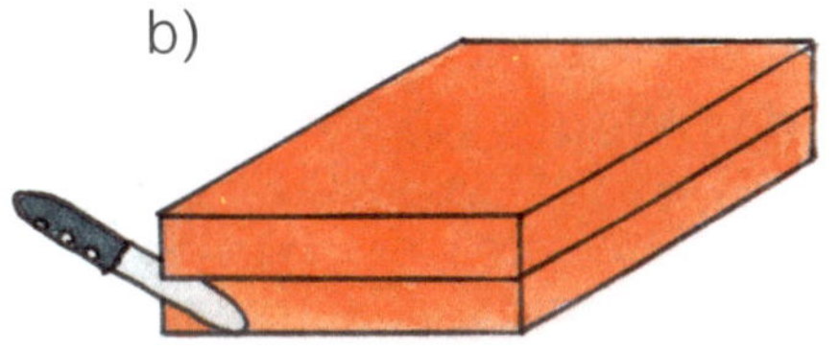

c)

3

Zwei Teilstücke ergeben einen Quader. Verbinde diese.

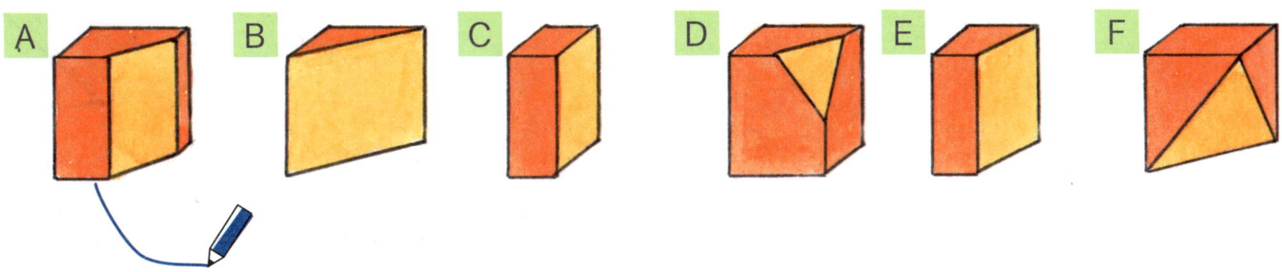

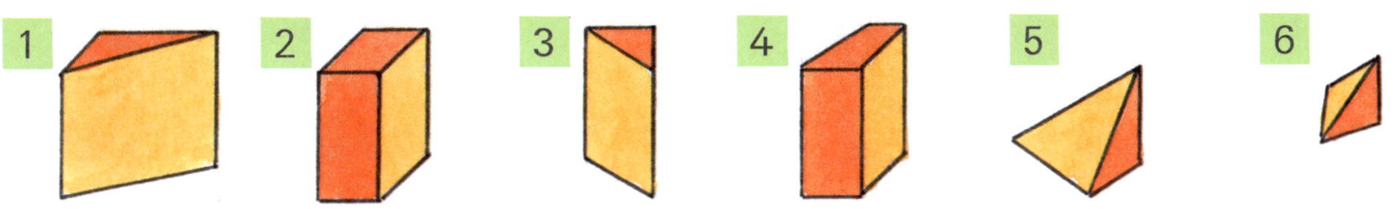

1

Eine Fliege krabbelt auf dem Kantenmodell eines Quaders entlang.

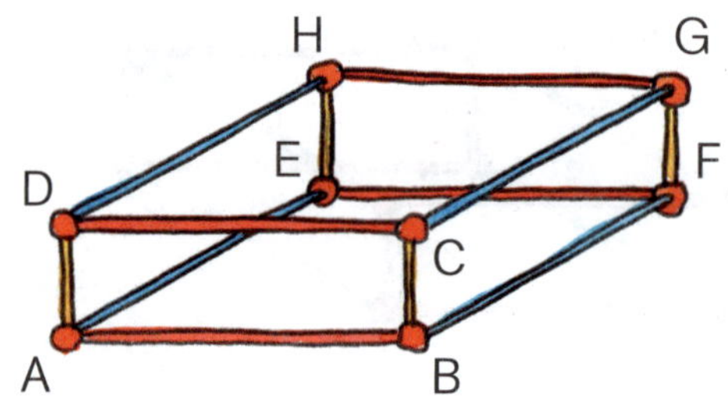

a) Die Fliege startet bei A. Sie krabbelt nach oben – nach rechts – nach hinten – nach unten – nach links.
Schreibe ihren Weg auf.
A – D – C – G – F – E

b) Die Fliege startet bei E. Sie krabbelt nach rechts – nach oben – nach vorn – nach unten – nach hinten.
Schreibe ihren Weg auf.
E - F - G + C - B - F

c) Die Fliege krabbelt folgenden Weg:
B – C – G – F – E.
Beschreibe den Weg.
o - h - u - l

d) Die Fliege krabbelt folgenden Weg:
G – H – E – A – B – F.
Beschreibe den Weg.
l - u - v - r - h

e) Die Fliege krabbelt folgenden Weg:
D – C – B – F – E – H.
Notiere 2 andere Wege mit dem gleichen Start und Ziel.

f) Die Fliege krabbelt folgenden Weg:
H – D – A – B – F – G – C.
Notiere 2 andere Wege mit dem gleichen Start und Ziel.

2

Ein Käfer will alle Quaderecken genau einmal erreichen.

a) Wie lang ist der gekennzeichnete Weg von A nach B?

8 + 3 + 8 + 4 + 8 + 3 + 8 = 42 cm

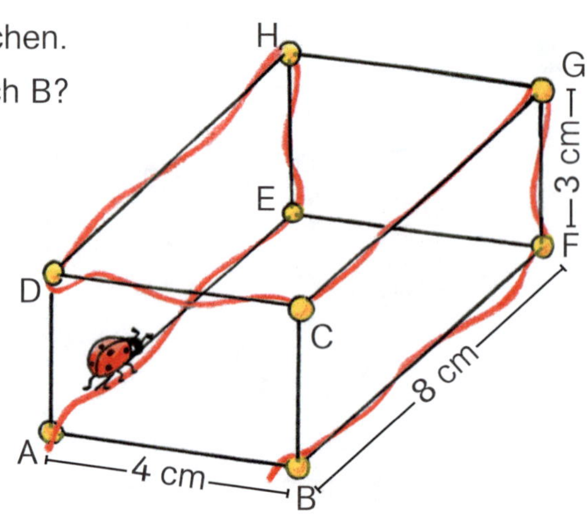

b) Finde den kürzesten Weg von A nach B.

A - D - C - G - H - E - F - B
3 + 4 + 8 + 4 + 3 + 4 + 8 = 34

1 Kippe und beschreibe den Weg.
Welche Fläche liegt zum Schluss oben?

a)

b)

c)

d)

e)
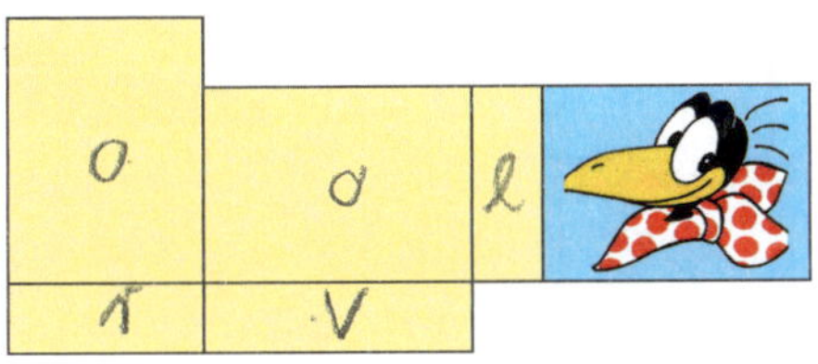

f)

	Weg	letzte Fläche
a)	r, r, r, r	Vorderseite
b)	r, r, r, v, r	Rückseite
c)	v, l, h, h, r, h	Rückseite
d)	v, v, l, l, h, h	Rückseite
e)	l, l, v, l, h	Rückseite
f)	h, l, v, l, h, l, v, v	Vorderseite

2 Lege eine Zündholzschachtel auf das Traxfeld. Finde durch Kippen heraus, wie man zu den Feldern A, B, C und D kommt.

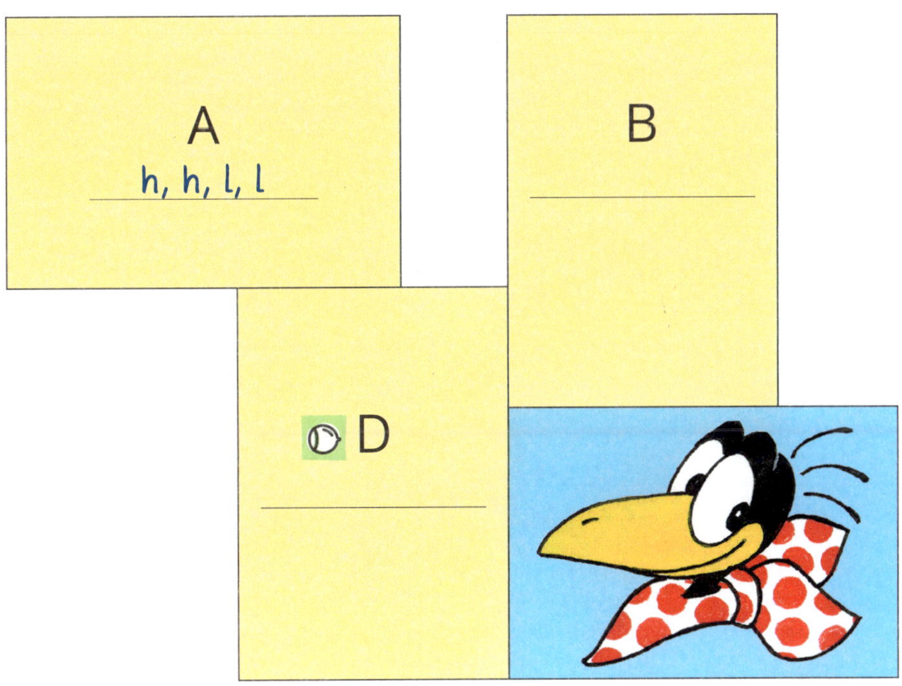

1, 2 Kippbewegungen: r (nach rechts), l (nach links), v (nach vorn), h (nach hinten)

Quadernetze

1 Untersuche die Quadernetze.

a) Kennzeichne die Seitenflächen mit v, h, l, r und o.

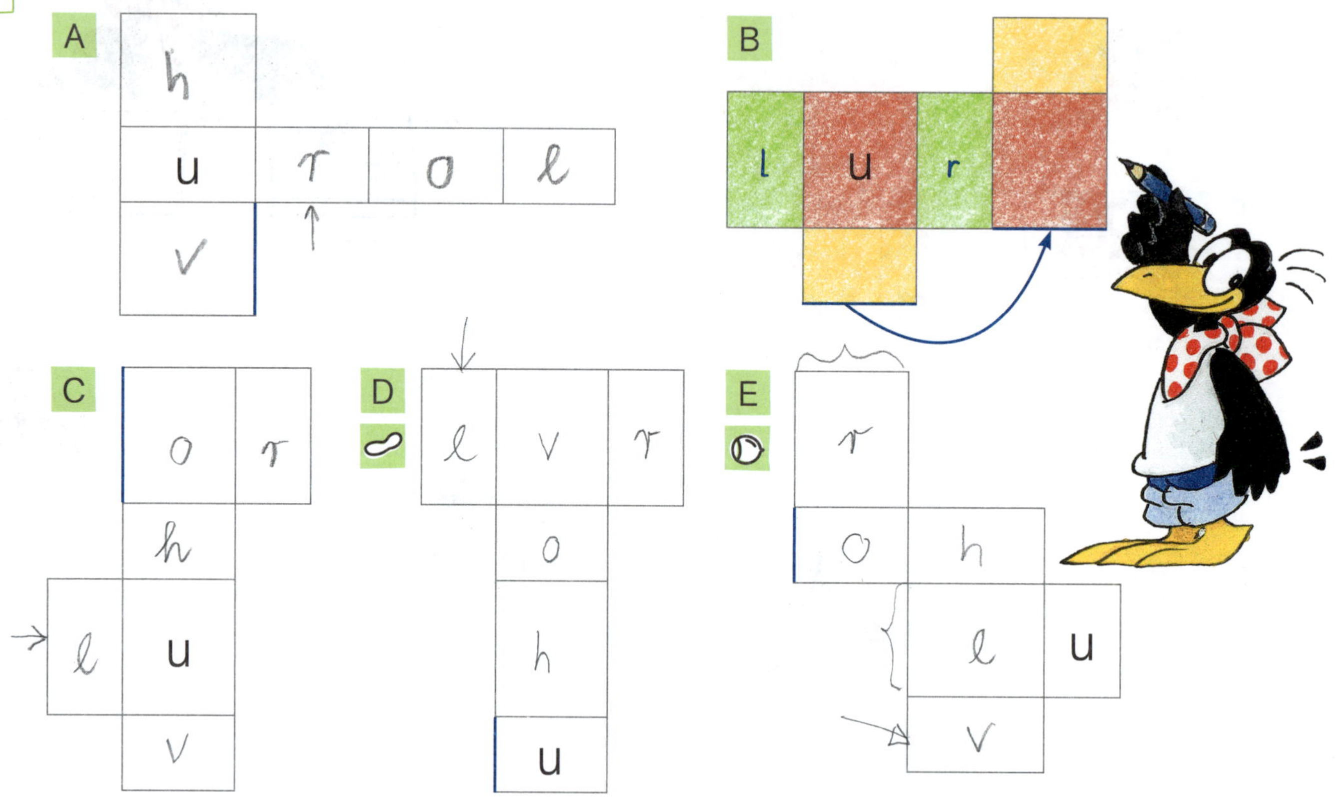

b) Male in jedem Netz die Seitenflächen, die sich nach dem Falten gegenüberliegen, mit der gleichen Farbe an.

c) Mit welcher Seite stößt die blaue Seite beim Falten zusammen? Zeichne diese blau nach.

2 Welche Figuren zeigen Quadernetze? Kreuze diese an und beschrifte die Seitenflächen.

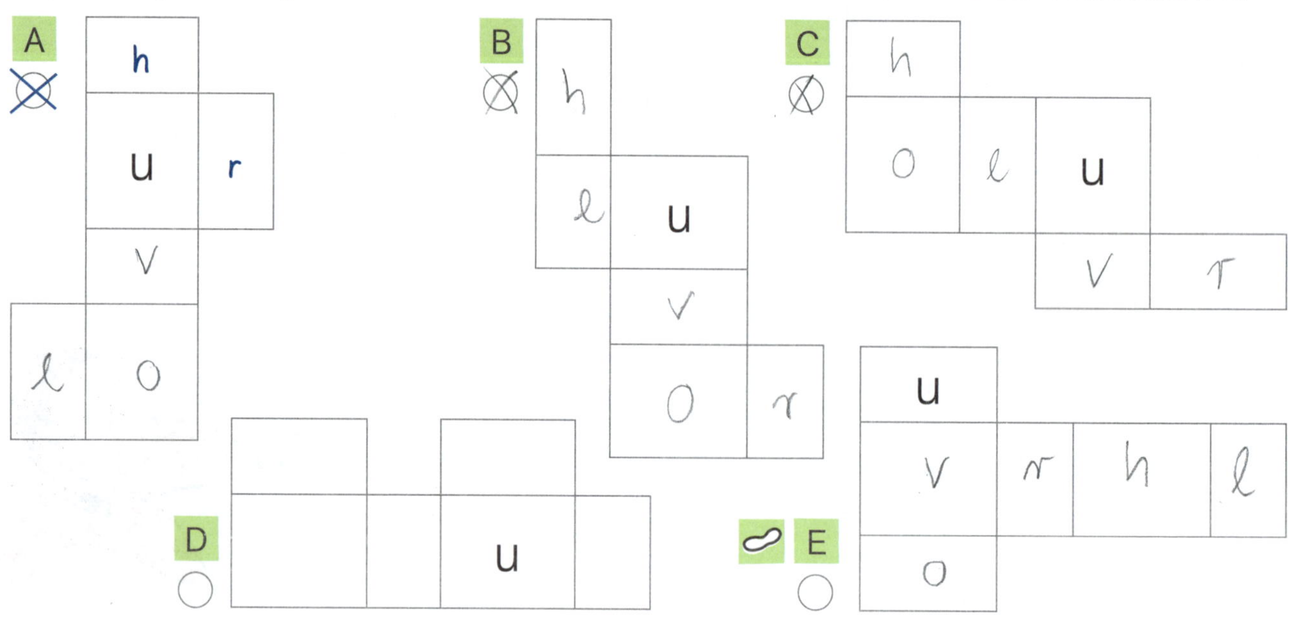

1 Welcher Bauplan gehört zu welchem Gebäude? Verbinde.
Ergänze die Anzahl der Stockwerke. Färbe die Baupläne.

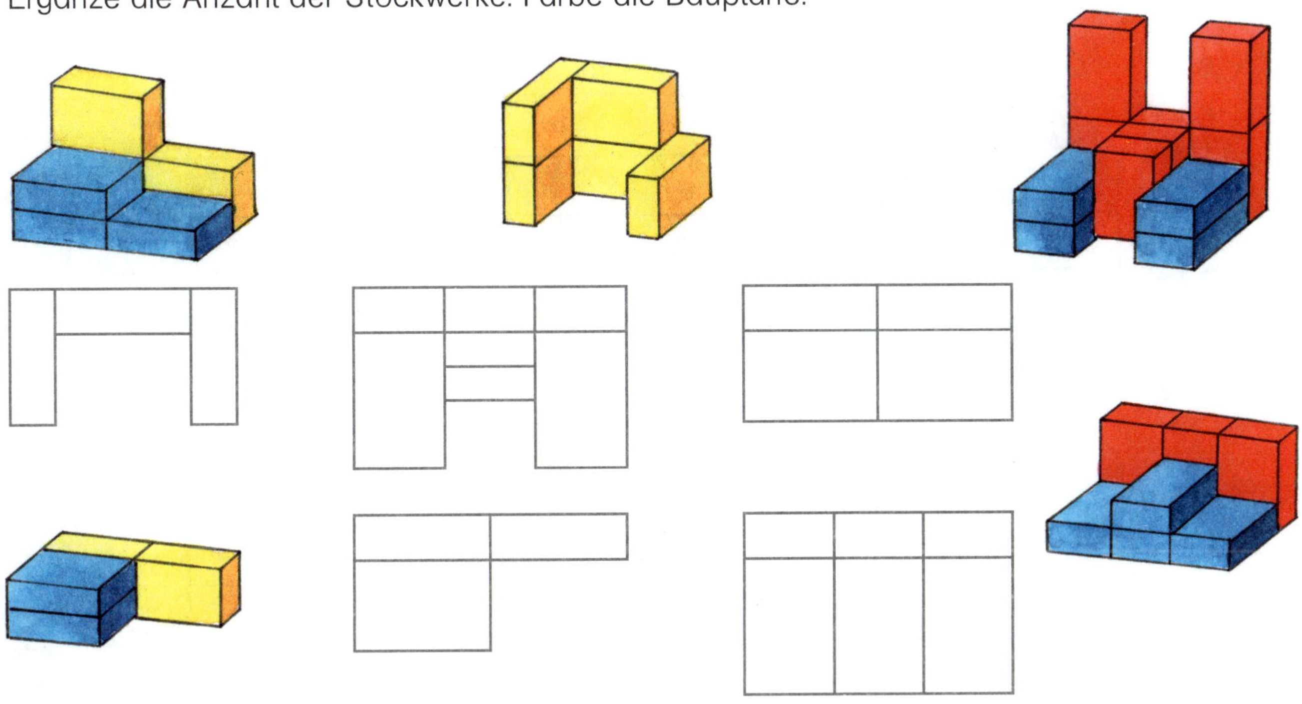

2 Zeichne die Gebäude von vorn und von rechts. Färbe die Ansichten.

a)

b)

c)

von vorn:

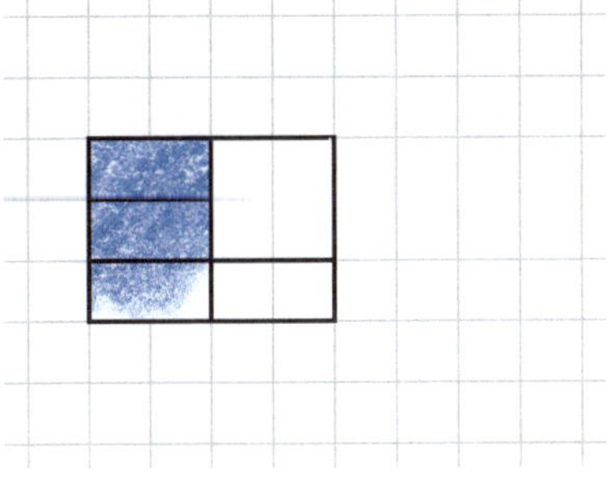

von vorn:

von vorn:

von rechts:

von rechts:

von rechts:

1 Wie viele andere Quader berührt jeder Quader?

a)

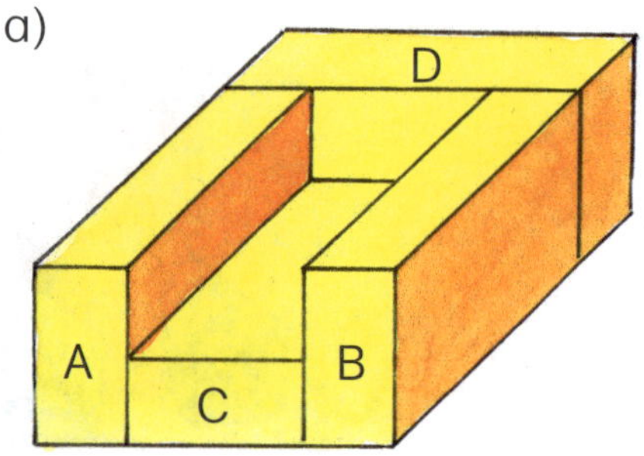

A	B	C	D
2			

b)

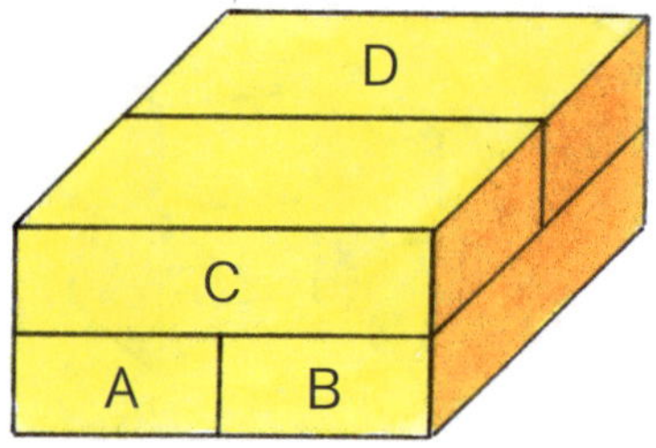

A	B	C	D

c)

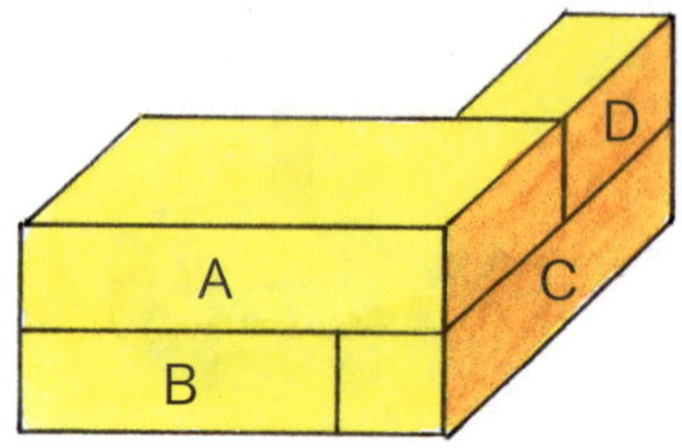

A	B	C	D

d)

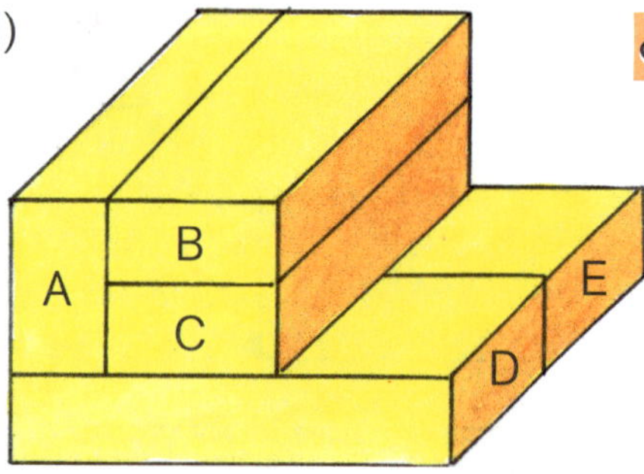

A	B	C	D	E

e)

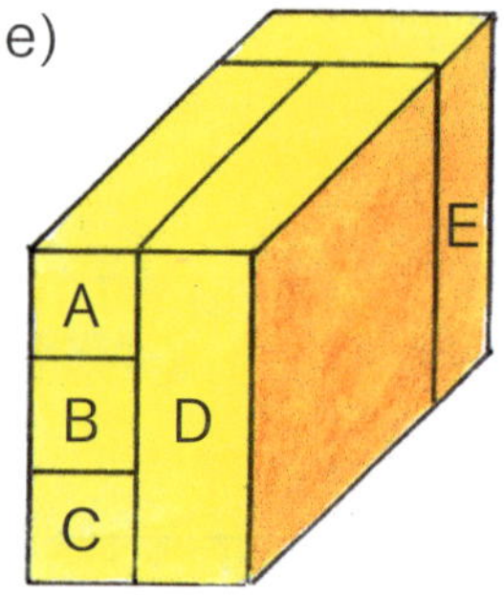

A	B	C	D	E

f)

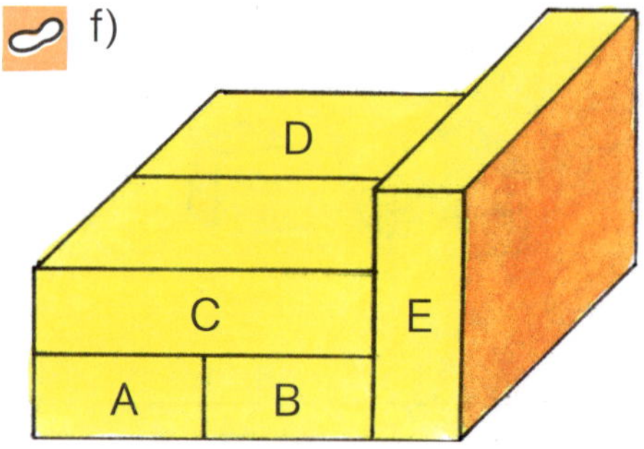

A	B	C	D	E

2 Ergänze die Muster auf den freien Quaderflächen. Gegenüberliegende Muster sind gleich, sie unterscheiden sich nur in der Farbe (orange oder grün).

a)

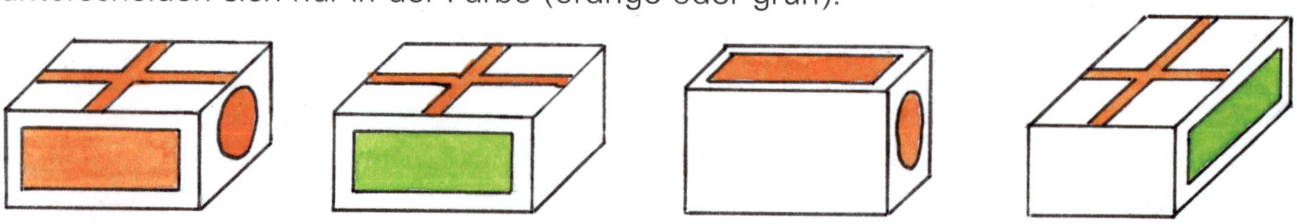

b)

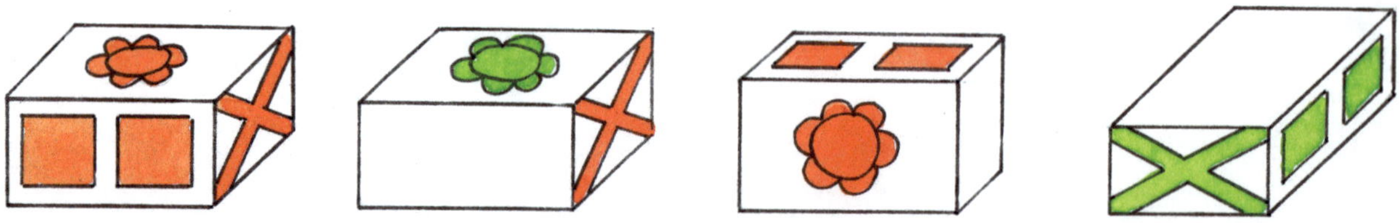

c)

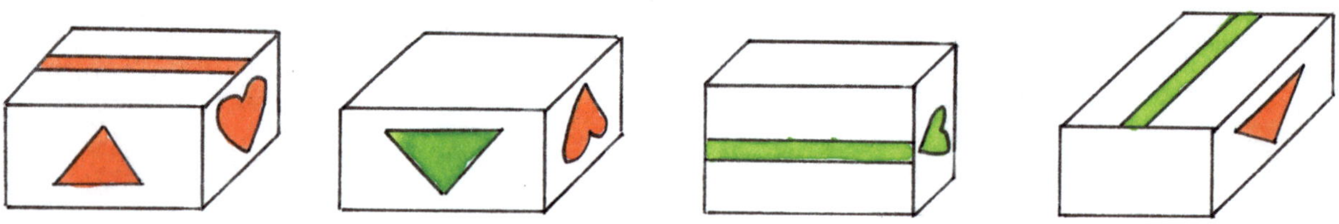

1 Zerlege.

236 458 = 200 000 + 30 000 + ____________________

721 349 = ____________________

456 370 = ____________________

500 640 = ____________________

808 101 = ____________________

2 Beschreibe die Zahlenfolgen und setze sie fort.

231 000	235 000	239 000				
729 400	738 400	747 400				
		907 800	907 400	907 000		
	419 620	415 620	422 620	418 620	425 620	
	686 830	686 780	686 810	686 760	686 790	

3 Bilde sechsstellige Zahlen. Suche jeweils die kleinste und die größte Zahl.

a) 4 8 1 5 3 9 b) 2 0 9 7 1 6 c) 5 2 0 5 8 0

134 589 ______ ______ ______ ______ ______

d) Welche anderen Zahlen lassen sich mit den Ziffern 5 2 0 5 8 0 noch bilden? Schreibe 6 Zahlen auf.

____

4

a) Wie lang wird etwa die Strecke, wenn 1 000 000 Mathebücher aneinandergelegt werden? Miss die Länge deines Buches und rechne dann mit gerundeten Zahlen.

b) Wie hoch wird der Turm, wenn die Bücher übereinander liegen?

1

399 530 | 399 700 | 399 790 | 399 900 | 399 990 | 400 210 | 400 330 | 400 510

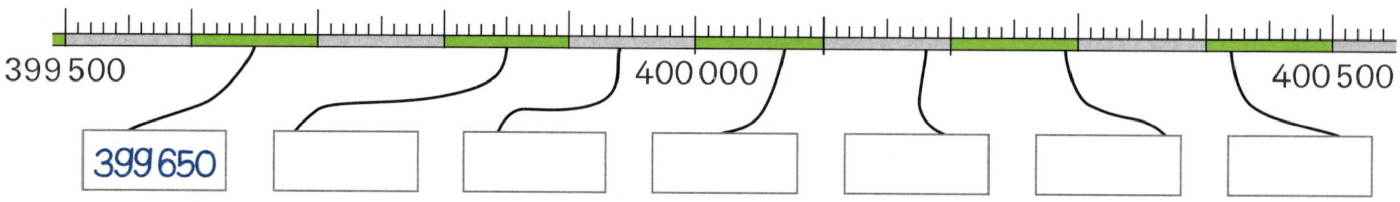

2

a)

H	T	E	ZT	Z	HT
1	4	8	2	5	6

b)

T	ZT	Z	E	HT
4	1	3	9	8

c)

H	E	HT	Z
7	3	4	9

d)

T	E	HT
5	2	7

e)

HT	Z
6	4

3

Ordne nach der Größe. Beginne mit der kleinsten Zahl.

a) 367 421, 376 142, 367 412, 376 241, ~~367 214~~

367 214

b) 987 654, 965 487, 986 457, 976 857, 944 587

c) 120 453, 102 543, 120 345, 102 453, 120 534

4

Ergänze zum nächsten Hunderttausender.

430 000 + 70 000 = 500 000

760 000 + ______ = ______

310 000 + ______ = ______

820 000 + ______ = ______

140 000 + ______ = ______

990 000 + ______ = ______

5

a) Welche Zahlen sind größer als 475 698 und kleiner als 475 703?

b) Welche Zahlen sind größer als 404 399 und kleiner als das Doppelte von 202 202?

1

673953 | 673969 | 673982 | 673990 | 674005 | 674020 | 674031 | 674052

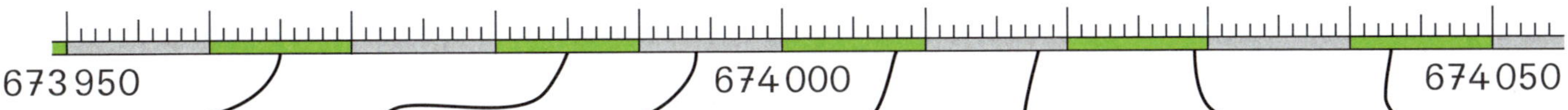

673965

2

a)

Vorgänger	Zahl	Nachfolger
416371	416372	
	767650	
609999		
		200001

b)

Nachbar-zehner	Zahl	Nachbar-zehner
536740	536742	
	108688	
	450499	
	609994	

c)

Nachbar-tausender	Zahl	Nachbar-tausender
184000	184303	
	967240	
	799458	
	800004	

d)

Nachbar-zehntausender	Zahl	Nachbar-zehntausender
280000	285631	
	307405	
	999666	
	909345	

3

Runde auf Tausender.

643790 ≈ 644000
999600 ≈ ______
567300 ≈ ______
798500 ≈ ______

Runde auf Zehntausender:

642100 ≈ ______
818000 ≈ ______
491007 ≈ ______
503990 ≈ ______

Runde auf Hunderttausender.

212600 ≈ ______
460000 ≈ ______
948400 ≈ ______
686100 ≈ ______

4

Welche Zahlen könnten gerundet worden sein?

gerundet auf Zehner	kleinste Zahl	größte Zahl
305680	305675	305684
174390		
629100		
200000		

gerundet auf Zehntausender	kleinste Zahl	größte Zahl
470000	465000	474999
520000		
930000		
800000		

1 Gleiches Zeichen bedeutet gleiche Zahl. Schreibe die passenden Zahlen in die Symbole.

a)

□ + □ + □ = 36

△ − ○ + ⬡ = 32

□ + ○ + △ = 32

□ + □ − ○ = 20

⬡ + ⬡ − △ = 24

b)

⯃ + ⯃ − ▭ = 350

⏢ − ▭ + ▱ = 560

⯃ + ⯃ + ⯃ = 630

▱ + ▱ − ⏢ = 420

⯃ + ▭ + ⏢ = 560

2

a) Beschreibe das Muster. Färbe weiter bis zur 10. Figur.

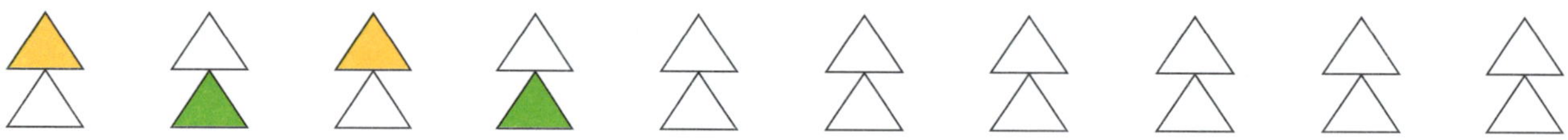

1. 2. 3. 4. 5. 6. 7. 8. 9. 10.

b) Färbe die Figuren, die an folgenden Stellen stehen:

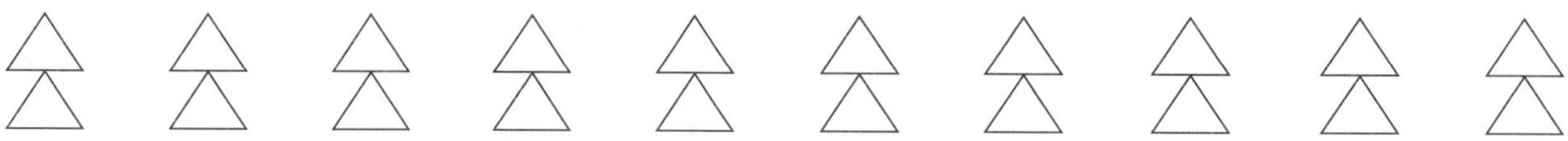

12. 15. 18. 23. 27. 34. 66. 101. 208. 999.

3

waagerecht

A 140 + 355
C 98 mehr als 570
F 5 · 20 − 3
G die Hälfte von 8888
H 9 · 900 + 127
J Neunerzahl
K 5H 1E 8T 6Z
M 100000 − 400
O alle Ziffern gleich

A	B		■	C	D	E
F		■	G			
H		I		■	J	
	■	K		L		■
M					■	N
■	■		■	O		

senkrecht

A Vorgänger von 49840
B 1000 − 28
C 4 · 4 · 4
D 3500 + 2971
E 421 · 2
G 800 · 7 − 850
I 1432 verdoppeln
L 1204 : 2
N 239 − 207

1 Rechne im Kopf.

a)

+	30	700	9 000
148 000			
706 280			
460 570			
599 090			

b)

−	60	400	8 000
509 870			
908 430			
416 200			
750 000			

2 Rechne schriftlich.

a)

+	173 206	290 917
647 293		
708 097		
463 540		

b)

−	538 297	204 038
806 423		
999 099		
619 103		

3

60300			
20200	40 100		
5200	15 000	25100	
2 000	3200	11800	13 300

444 000			
313 500	130 500		
223 500	90 000	40 500	
148 300	75 200	14800	25 700

259600			
14 000	245 600		
7000	7000	238 600	
6 300	700	6300	232 300

89780			
38900	50880		
18 000	20900	29 980	
11000	6 000	14 900	15080

58

1

a) 400 · 700 = ______
900 · 800 = ______
600 · 400 = ______
500 · 600 = ______

b) 3 000 · 200 = ______
8 000 · 70 = ______
6 000 · 80 = ______
2 000 · 900 = ______

c) 420 000 : 70 = ______
720 000 : 80 = ______
270 000 : 30 = ______
540 000 : 90 = ______

d) 400 000 : 800 = ______
490 000 : 700 = ______
160 000 : 400 = ______
360 000 : 600 = ______

2

Löse der Reihe nach und trage die Buchstaben ein.

☐☐☐ ☐☐☐ ☐☐☐ ☐☐☐☐☐☐☐☐☐☐☐☐☐☐☐

S	L	!	T	B
30 000	25 000	83 000	90 000	320 000

6 · 70 000 = ______
8 · 50 000 = ______
3 · 60 000 = ______
4 · 80 000 = ______

N	I	E
126 000 364 000 630 000 60 000	420 000 140 000 312 000	603 000 248 000 560 000 24 000

20 · 6 000 = ______
70 · 8 000 = ______
90 · 7 000 = ______
40 · 5 000 = ______

5 · 28 000 = ______
7 · 18 000 = ______
9 · 67 000 = ______
8 · 39 000 = ______

K	Ü
200 000	40 000

240 000 : 6 = ______
420 000 : 7 = ______
270 000 : 9 = ______
540 000 : 6 = ______

52 000 · 7 = ______
74 000 · 5 = ______
62 000 · 4 = ______
29 000 · 3 = ______

H	C	R
180 000 120 000	400 000 87 000	370 000 64 000

150 000 : 6 = ______
168 000 : 7 = ______
256 000 : 4 = ______
415 000 : 5 = ______

3

Beim Superstar-Konzert wurden 2 000 Karten zu je 50 € und 1 000 Karten zu je 65 € verkauft. Wie viele günstige Stehplatzkarten zu je 40 € wurden verkauft, wenn die Gesamteinnahmen 213 000 € betrugen?

59

1 Q

a)

H	Z	E		
1	2	3	·	3

18

H	Z	E		
2	3	3	·	2

16

T	H	Z	E		
3	2	4	1	·	2

20

T	H	Z	E		
1	0	3	2	·	3

18

b)

T	H	Z	E		
4	2	1	9	·	2

23

T	H	Z	E		
1	7	1	3	·	5

24

T	H	Z	E		
1	3	7	4	·	6

18

T	H	Z	E		
3	0	9	8	·	3

24

c)

T	H	Z	E		
4	3	8	2	·	7

20

T	H	Z	E		
6	2	7	6	·	9

27

T	H	Z	E		
8	6	9	7	·	8

33

T	H	Z	E		
7	8	0	9	·	6

27

d)

ZT	T	H	Z	E		
4	7	3	6	8	·	6

24

ZT	T	H	Z	E		
8	6	0	9	4	·	7

27

ZT	T	H	Z	E		
7	4	8	0	9	·	9

27

2

Immer 2 Aufgaben haben dasselbe Ergebnis.

1 736 · 4 | 35 496 · 7

2 154 · 2 | 1 178 · 4

3 472 · 2 | 27 608 · 8

2 356 · 2 | 1 436 · 3

31 059 · 8 | 31 552 · 7

3

a) Welche Zahlen sind größer als das Achtfache von 768 und kleiner als das Neunfache von 683?

768 · 8   683 · 9

4, 5, 6, 7

b) Welche Zahlen sind größer als das Sechsfache von 3 408 und kleiner als das Vierfache von 5 113?

62 | 63

Überschlag und Fehlersuche

1 Finde die 8 Rechenfehler. Manchmal hilft der Überschlag.

239 · 4 = ~~8156~~ f 956	548 · 7 = 3836	9086 · 7 = 3602	27361 · 3 = 82083
1483 · 6 = 8498	790 · 9 = 684	8572 · 8 = 68576	18347 · 4 = 43388
5613 · 5 = 253065	4958 · 2 = 9916	70693 · 6 = 224158	96087 · 9 = 64783

2 Überschlage zuerst und rechne dann genau.

Ü: 900 · 6 =
875 · 6 = 50

Ü:
429 · 8

Ü:
1279 · 7

Ü:
16583 · 5

Ü:
64791 · 4

Ü:
276095 · 3

Ü:
247308 · 4

3432 5250 8953 82915 259164 828285 989232

3

a) _30 · 2 = 8_0 3__ · 4 = _284 623 · _ = _738 _74 · 3 = 82_ _78 · _ = 978

b) 4576 · _ = ___32 5_9 · 5 = 254_ 14_6 · 7 = __42 ___9 · 3 = 6027

Rechne schriftlich

1 Q ~~Entscheide, wie du rechnest.~~

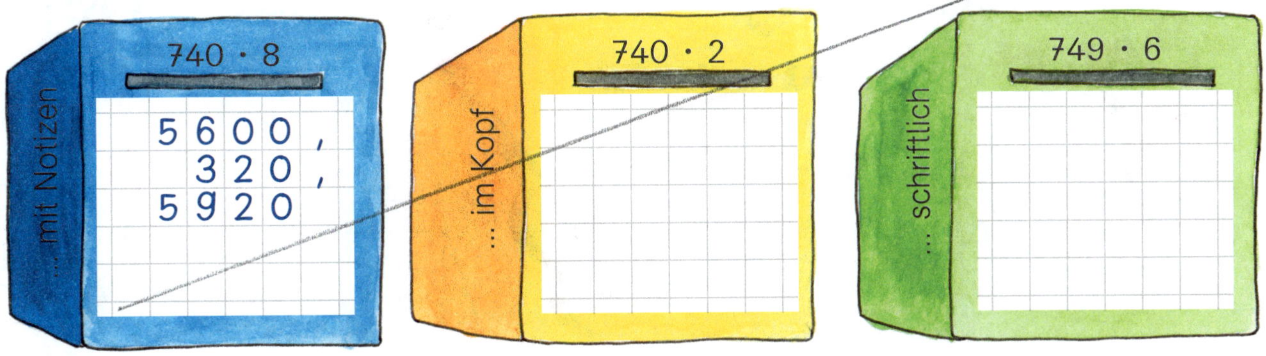

32140 · 2 (20)

7519 · 8 (14)

5050 · 5 (14)

84736 · 9 (27)

999 · 6 (27)

15367 · 4 (25)

40820 · 3 (15)

5794 · 10 (25)

20220 · 8 (21)

2 Q

a) Wenn du 12421 verdoppelst und dann mit 6 multiplizierst, erhältst du meine Zahl. (21)

b) Du erhältst meine Zahl, wenn du das 4-Fache von 7435 mit der Hälfte von 10 multiplizierst. (20)

1 Welche Rechenkette passt? Verbinde und löse.

Marcos Eltern kaufen ihm zum Geburtstag ein Schlagzeug. Wie viel Geld können sie beim Angebot sparen?

Herr Bauer kauft für seine 7 neuen Schüler Blockflöten. Wie viel muss er insgesamt bezahlen?

Nils lässt seine Gitarre neu bespannen. Für die Arbeitszeit berechnet der Verkäufer 15 €. Wie viel muss er bezahlen?

Preis 1 + Preis 2 = Gesamtpreis

Anzahl · Preis = Gesamtpreis

Preis 1 − Preis 2 = Preisunterschied

alter Preis − Preisnachlass = neuer Preis

✿ Eine Dreierkette passt zu keiner Rechengeschichte. Schreibe selbst eine Aufgabe dazu und löse sie.

66 67

1 Wie heißt das Lösungswort? Schreibe zu jeder Aufgabe den Lösungsbuchstaben.

672 : 4 = ☐

896 : 7 = ☐

828 : 4 = ☐

3456 : 4 = ☐

44148 : 6 = ☐

2855 : 5 = ☐

51496 : 8 = ☐

5901 : 7 = ☐

6732 : 9 = ☐

R	F	EI	E	E	H	R	L	F
843	168	748	7358	128	207	571	864	6437

2 Was kommt ungefähr heraus? Überschlage und trage ein.

B	12261 : 3
	81962 : 2
	362115 : 9
	3424 : 8
	20765 : 5

A	400
B	4000
C	40000
D	400000

	1698 : 4
	29792 : 7
	863264 : 2
	2478 : 6
	207680 : 5

Schriflich dividieren mit Nullen

1 Achtung: eine Null im Ergebnis.

9612 : 4 =

P: ______ · 4

6174 : 3 =

P: ______

2163 : 7 =

P: ______

2 Q

56320 : 8 =

11

Achtung: zwei Nullen im Ergebnis.

36810 : 9 =

13

22200 : 6 =

10

32024 : 4 =

14

3

a) Das Auto von Familie Yildiz ist 7 Jahre alt und hat einen Kilometerstand von 189581 km.

b) Der Reisebus der Firma „Euro Touring" hat 643167 km zurückgelegt. Er ist 9 Jahre alt.

1 Q

Entscheide, wie du rechnest.

5224 : 8 — 14

5628 : 7 — 12

1806 : 3 — 8

1107 : 9 — 6

20430 : 5 — 18

2000 : 4 — 5

2 Q

a) Du erhältst meine Zahl, wenn du 5190 durch 6 dividierst. — 19

b) Das 7-Fache meiner Zahl ist 4781. — 17

1 Q

Für die Schulbücherei sollen neue Bücher bestellt werden.

a) 4 Sachbücher Basteln leicht gemacht — 14,89 €

F:

25

b) 2 Bücher mit Liedern und Reimen — 21,75 €

12

c) 5 Kinderbücher — 18,49 €

20

d) 8 Abenteuerbücher — 10,58 €

22

2

Die Grundschule Berg will Schul-T-Shirts drucken lassen.
Wie viel Geld kann sie bei jedem Angebot sparen?

a)

b)

1

L:

A:

2

Rechne und überprüfe mit der Probe.

a) 76,56 € : 6 = ________

b) 775,60 € : 8 = ________

3

Kann das stimmen? Prüfe nur mit dem Überschlag.

a) Wenn 3 Klebestifte 4,65 € kosten, kostet einer weniger als 1 €.

Ü: ________

○ stimmt ○ stimmt nicht

b) Wenn ein Zehnerpack Bleistifte 5,40 € kostet, dann kostet ein Bleistift etwas mehr als 50 Cent.

Ü: ________

○ stimmt ○ stimmt nicht

c) Wenn die Lesebücher für 30 Schüler 517,50 € kosten, kostet ein Buch nicht mehr als 15 €.

Ü: ________

○ stimmt ○ stimmt nicht

73

1

Wie oft muss die Achterbahn am Freitag (Samstag, Sonntag) mindestens fahren?

2

4 Aufgaben sind falsch. Finde sie mit dem Überschlag. Rechne dann richtig.

A 2436 : 8 = 304 R4

Ü:

B 1528 : 5 = 445 R2

C 86954 : 4 = 21738 R2

D 7120 : 9 = 893 R8

E 3290 : 8 = 511 R2

F 1471 : 3 = 290 R1

1

Familie Steger plant einen Wochenendurlaub während der Schulzeit auf dem Tannenhof. Die Eltern und ihre neunjährige Tochter Anne möchten von Freitag bis Sonntag bleiben.

a) Wie viel kostet der Urlaub in der Ferienwohnung?

b) Wie teuer ist der Urlaub bei Übernachtung im Doppelzimmer mit Zusatzbett? Vergleiche mit a).

Tannenhof

Ferienwohnungen
und Zimmer

Ferienwohnungen:

Ferienwohnung bis 4 Personen
Hauptsaison*: 58,90 € pro Nacht
Nebensaison*: 43,90 € pro Nacht
Bei Buchung unter 3 Nächten erhöht sich der Preis um 5 € pro Nacht.

Zusatzkosten zur Ferienwohnung
Hund: 2,50 € pro Nacht
Endreinigung: 20 €

Die Ferienwohnung kann auch mit Frühstück gebucht werden.
Erwachsene: 5,50 € pro Tag
Kinder bis 10 Jahre: 4,50 € pro Tag

Zimmer:

Doppelzimmer mit Frühstück
Hauptsaison*: 25,70 € pro Person/Nacht
Nebensaison*: 19,80 € pro Person/Nacht

Preis je Kind (mit Frühstück)
bei Übernachtung im Zusatzbett
Hauptsaison*: 6 € pro Person/Nacht
Nebensaison*: 5 € pro Person/Nacht

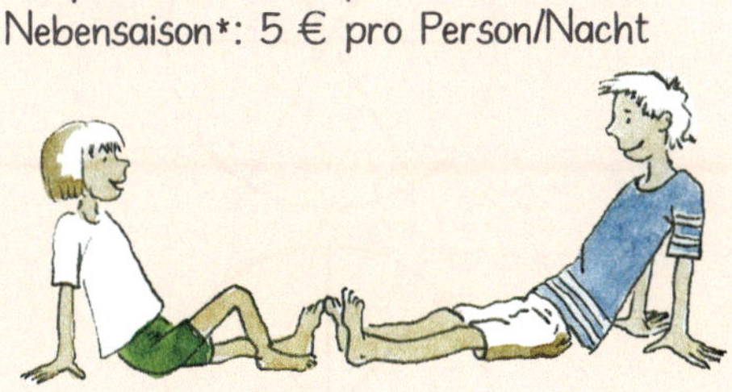

***Hauptsaison: alle Schulferien**
Nebensaison: übrige Zeit

1 Trage deine Vermutungen auf dem Wahrscheinlichkeitsstreifen ein.

a)

unmöglich — unwahrscheinlich — wahrscheinlich — sicher

Mara

b)

unmöglich — unwahrscheinlich — wahrscheinlich — sicher

2 Zeichne selbst jeweils 2 Glücksräder mit folgenden Gewinnchancen:

a) Mara hat genau die gleiche Gewinnchance wie Kian.

b) Lina hat die gleiche Chance wie Luis. Kian hat eine viel größere Chance als Mara.

c) Lina hat die größte Chance, Luis die zweitgrößte, Kian die drittgrößte und Mara die schlechteste.

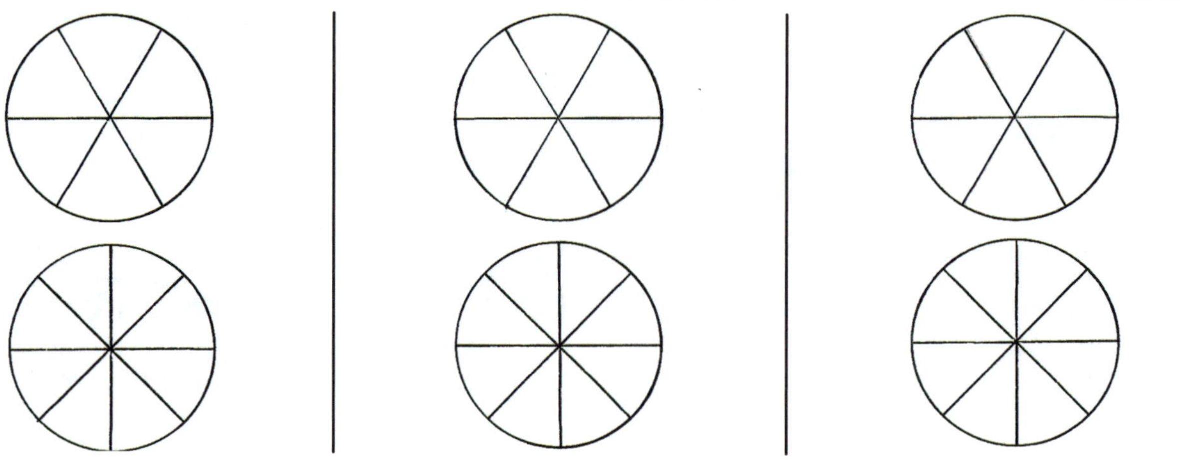

1 Benedikt hat viele gelbe und blaue Steckwürfel.

a) Wie viele verschiedene Haufen mit je 3 Würfeln kann er daraus bilden? ____

b) Wie viele verschiedene 3-stöckige Türme kann er daraus bauen? ____

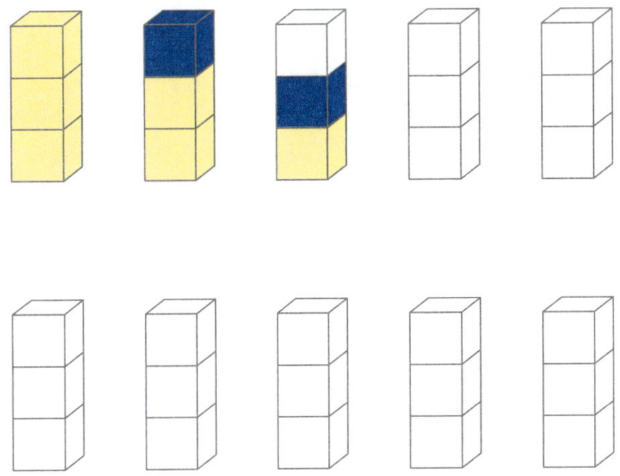

2 Alina hat auch viele gelbe und blaue Würfel. Sie bildet Haufen und Türme mit je 4 Würfeln.

a) Wie viele verschiedene Haufen mit je 4 Würfeln kann sie daraus bilden? ____

b) Wie viele verschiedene 4-stöckige Türme kann sie daraus bauen? ____

1

A1

km/h 280
PS/kW 340/250
0–100 km/h 4,6 s
Gewicht 1500 kg

C3

km/h 172
PS/kW 75/55
0–100 km/h 12 s
Gewicht 919 kg

D1

km/h 230
PS/kW 184/135
0–100 km/h 7,5 s
Gewicht 1377 kg

C1

km/h 208
PS/kW 140/103
0–100 km/h 10 s
Gewicht 1620 kg

Ordne die Fahrzeuge nach dem Gewicht und trage sie in die Tabelle ein.

Auto	Gewicht
C3	kg

2

a) Setze die richtigen Gewichtsangaben ein:
Axels Sattelschlepper hat ein Leergewicht von ______________ und ein zulässiges Gesamtgewicht von ______________. Für eine Schule hat er 15 Tische mit je ______________ und dazu 30 Stühle mit je ______________ geladen. Außerdem hat er noch 2 Schränke für das Lehrerzimmer mit je ______________ dabei.

44 000 kg | 14 200 kg | 10 kg | 3 kg | 100 kg | 900 kg

b) Wie schwer ist der Sattelschlepper mit der gesamten Ladung?

2

Male gleiche Gewichtsangaben mit derselben Farbe an.

1240 g | 5 kg 5 g | 1 240 g | 5 kg 500 g | 12 040 g | 12 kg 400 g | 5 500 g | 1 kg 240 g | 12 kg 40 g | 5 kg 50 g | 5 050 g | 12 400 g | 5 005 g | 1 kg 204 g

1

Wassermelone

Ananas

Walnuss

Kürbis

Apfel

$1\frac{1}{4}$ kg

10 g

$9\frac{1}{2}$ kg

120 g

2,5 kg

a) Was gehört zusammen?
Male mit derselben Farbe an.

b) Ordne nach dem Gewicht und trage in die Tabelle ein.

		1 kg	100 g	10 g	1 g	
Kürbis	g					kg

2

Ordne nach dem Gewicht und trage in Kommaschreibweise in die Kästchen ein.
Beginne mit dem Leichtesten.

- 25 000 g L
- 25 g O
- 2 kg 50 g S
- 2 kg 5 g T
- 2 075 kg T
- $\frac{1}{2}$ kg S
- 2 500 g A
- 250 kg A
- $\frac{1}{4}$ kg B

3

Überprüfe die Aussagen. Male falsche Aussagen rot und richtige grün an.

- Ein Kürbis wiegt ungefähr so viel wie 5 Ananas.
- 400 Wassermelonen wiegen ungefähr eine Tonne.
- Eine Wassermelone wiegt ungefähr so viel wie 250 Walnüsse.
- Kürbis schmeckt lecker!
- 40 Ananas sind zusammen viel schwerer als 2 Viertklässler.

1 Gleiches Zeichen bedeutet gleiche Zahl. Schreibe die passenden Zahlen in die Symbole.

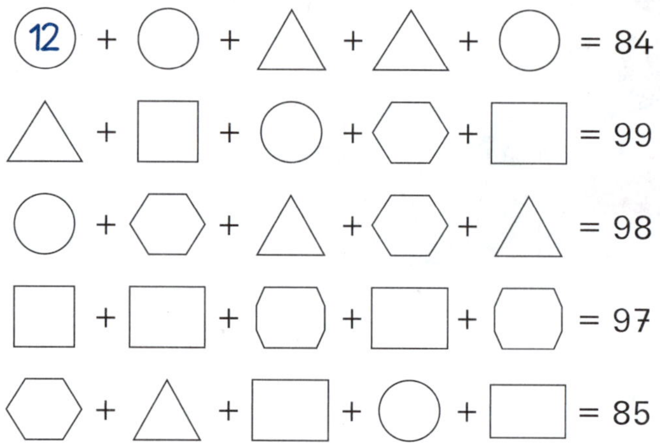

2

a) Beschreibe das Muster. Färbe weiter bis zur 10. Figur.

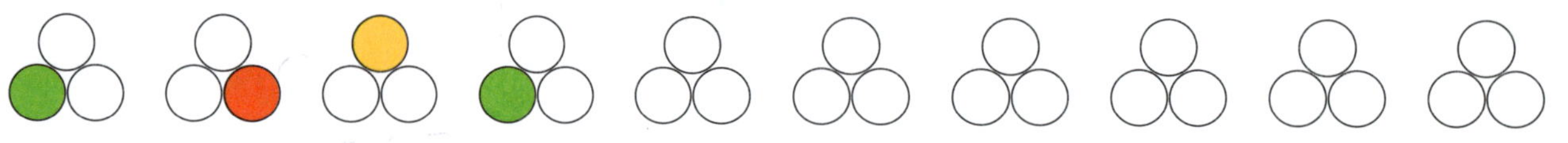

1. 2. 3. 4. 5. 6. 7. 8. 9. 10.

b) Färbe die Figuren, die an folgenden Stellen stehen:

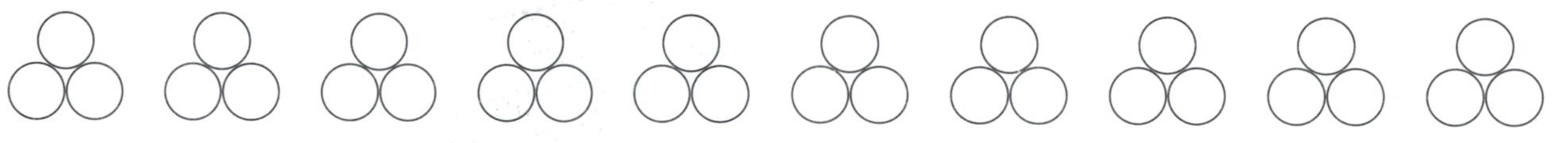

12. 17. 20. 24. 33. 37. 72. 145. 359. 999.

3

waagerecht

A 6100 + 2 147
D 315 : (57 – 48)
F 40 · 800 + 805
H Vorgänger von 57097
J 8 · 54 – 27 · 3
K 10000 : 10 – 35
M 650000 + 7 821
O 4 weniger als 430850
Q Siebenerzahl
R 707 · 3

A		B	C	■	D	E
	■	F		G		
H	I				■	
J			■	K	L	
M			N			■
■	O					P
Q		■	R			

senkrecht

A 6E 3T 3Z 5H 8ZT
B 74 mehr als 430099
C 9 · 9 · 9
D 90000 : 3000
E alle Ziffern gleich
G 869195 + 86
I 75600 – 58
L Nachfolger von 6 141
N die Hälfte von 1 604
P 273 : 3

1

a) Lies ab.

b) Zeichne ein.

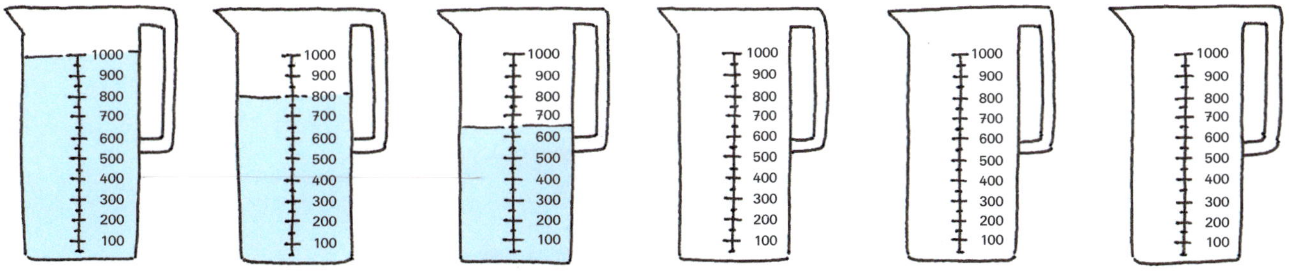

___ ml ___ ml ___ ml $\frac{1}{2}$ l $\frac{1}{4}$ l $\frac{3}{4}$ l

2

a) Was passt zusammen? Verbinde.

E

B

G

80 l

4 ml

3 l

700 ml

330 ml

10 l

1 l

A

M

R

B

b) Ordne die Gefäße nach ihrem Rauminhalt.
Beginne mit dem kleinsten Gefäß.

Name	Inhalt	
	4 ml	B

Wie heißt das Lösungswort?

___

3

Fülle 5 Liter in den Kanister.
Finde verschiedene Möglichkeiten.

3	3		–	5 l
				5 l
				5 l
				5 l
			5	5 l
			15	5 l

1 So viele Menschen leben in Bayern:

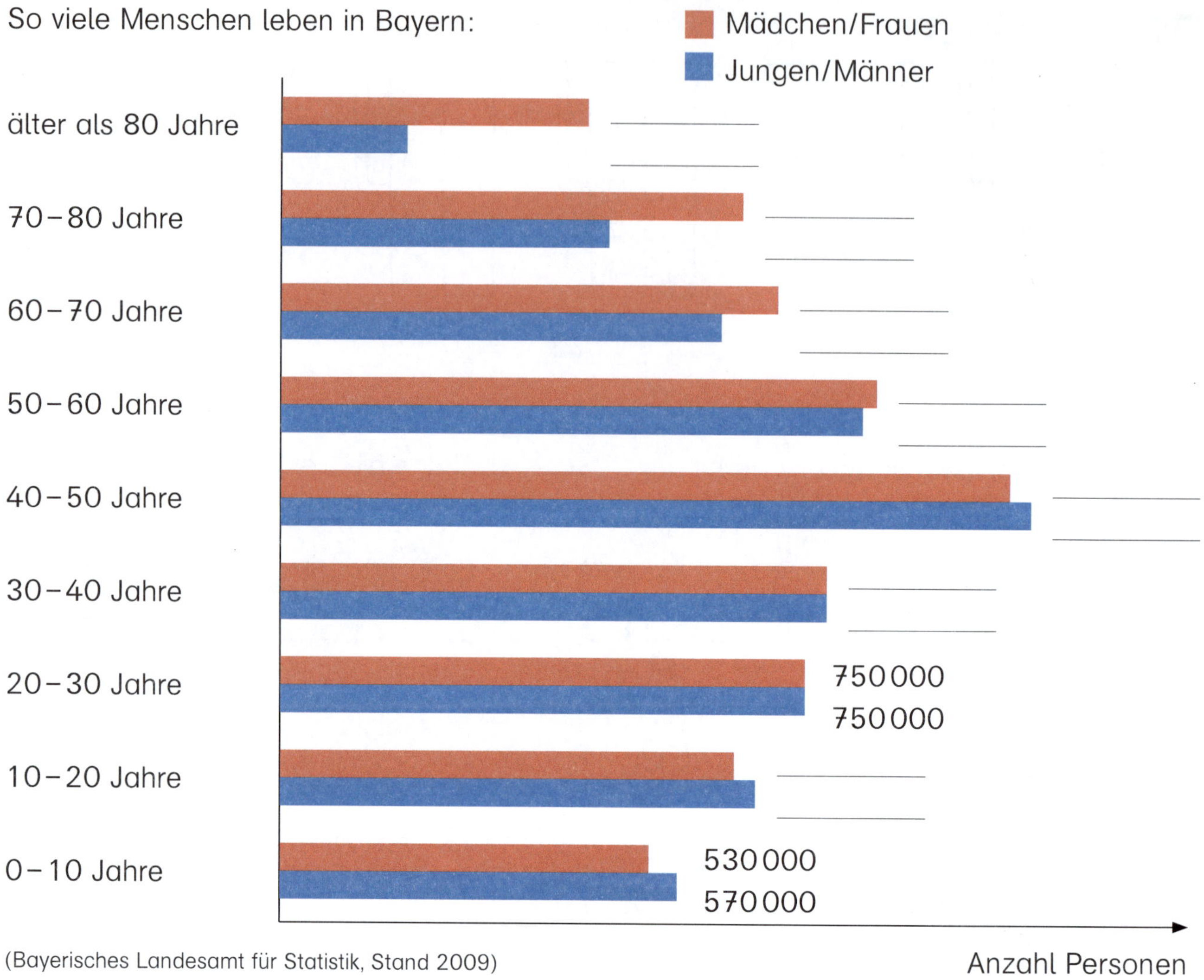

(Bayerisches Landesamt für Statistik, Stand 2009)

a) Wie vielen Menschen entspricht 1 mm Streifenlänge?

b) Vervollständige die Angaben im Diagramm.

c) In welcher Altersgruppe leben die meisten/wenigsten Menschen?

d) Fülle die Tabelle aus.

Alter	Jungen/Männer	Mädchen/Frauen
0–20 Jahre		
20–40 Jahre		
40–60 Jahre		

1 a) Setze die richtigen Angaben in den Text ein.

Am Sonntag ______ startete die Familie Becker um ______ in Gundelshausen zu einer Fahrradtour entlang der Donau. Dabei lernten sie interessante Bauwerke näher kennen. Beim Ort Sinzing fuhren sie unter der großen Autobahnbrücke hindurch. Die Brücke ist ______ m lang und etwa 15 ______ breit. In Regensburg besichtigte Familie Becker den ______. Danach fuhren sie über die ______ alte Steinerne Brücke. Sie ist die älteste erhaltene Brücke in ______ und hat ______. Die Steinerne Brücke ist ______ kürzer und ______ so breit wie die Autobahnbrücke in Sinzing. In Lappersdorf machte Familie Becker von ______ bis ______ Mittagspause. Stina und Lukas tranken jeder ______ Apfelsaft. Dann fuhren sie mit dem Zug in ______ zurück nach Gundelshausen.

Dom | $\frac{1}{2}$ Liter | Deutschland | 622 | Meter | 9.10 Uhr | 1 h

~~Sonntag~~ | 930 m | 870 Jahre | 12.25 Uhr | 16 Bögen | halb | 13.30 Uhr

b) Wie lang ist die Steinerne Brücke?

______

Wie breit ist die Steinerne Brücke?

______

Wie lange dauerte die Mittagspause?

______

Wie lange war Familie Becker unterwegs?

______

c) Setze jeweils die richtige Einheit ein.

Bei der Radtour hatte Lukas einen 4 ____ schweren Rucksack dabei. Darin war die Brotzeitbox. Die Box ist 21 ____ lang, 13 ____ breit und 60 ____ hoch. Bei der Abfahrt wog die Box genau 978 ____. Außerdem waren im Rucksack noch zwei Flaschen mit je 500 ____ Wasser. Die erste hatte Lukas aber schon nach 4 850 ____ leer. Insgesamt trank Lukas bei der ganzen Tour $1\frac{1}{2}$ ____.

cm | ml | mm | kg | km | g | m | l | cm

bis 82 85

1 Hanna ist doppelt so alt wie ihr Bruder Max. Ihre Schwester Klara ist 2 Jahre jünger als Max. Alle zusammen sind 26 Jahre alt. Wie alt sind die Kinder?
Löse durch Probieren.

Hanna	Max	Klara	zusammen

2 Murat verkauft auf dem Flohmarkt seine alten Hörspiel-CDs im Zweier- und im Fünferpack. Von den Packungen mit 2 CDs bietet er drei mehr an als von den Packungen mit 5 CDs. Wie viele Packungen mit 2 CDs und wie viele mit 5 CDs sind es, wenn er insgesamt 34 CDs verkaufen will?

3 Hanna möchte für ihren MP3-Player 3 neue Batterien kaufen. Im Elektromarkt gibt es die benötigte Batteriegröße in unterschiedlichen Verpackungen.
Ihr Bruder Ben sagt: „Nimm ruhig eine größere Packung, wenn das günstiger ist.
Ich kaufe dir die übrigen Batterien ab. Die passen nämlich auch in meine Digicam."
a) Welches Angebot sollte Hanna wählen?
b) Wie viele Batterien muss ihr Ben abkaufen? Wie viel muss er dafür bezahlen?

8 AAA Batterien 6,40 €

2 AAA Batterien 1,50 €

4 AAA Batterien 2,60 €

10 AAA Batterien 7,20 €

87

1 Zeichne parallele und senkrechte Linien. Mit dem Geodreieck geht es ganz genau. Färbe.
Wo siehst du rechte Winkel?

a)

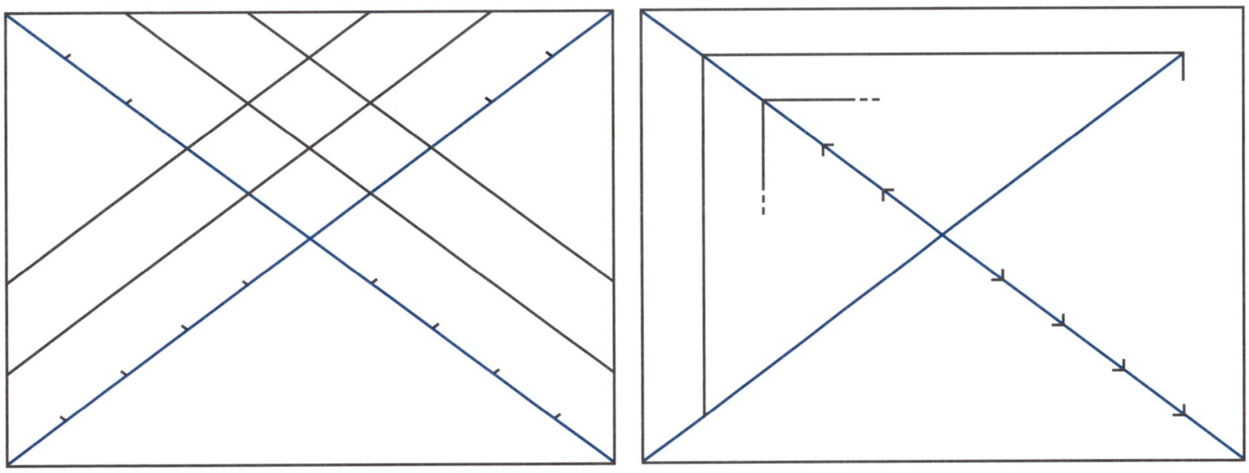

b)

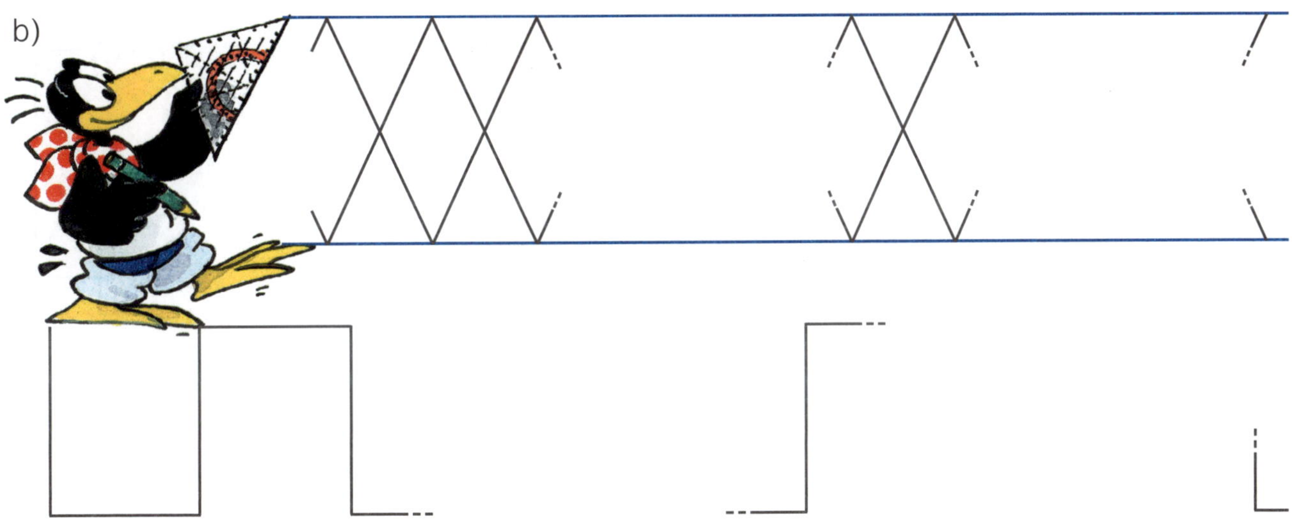

c)

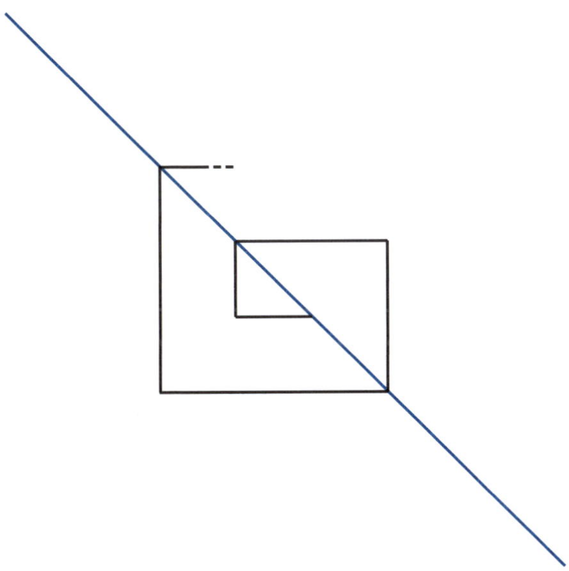

d)

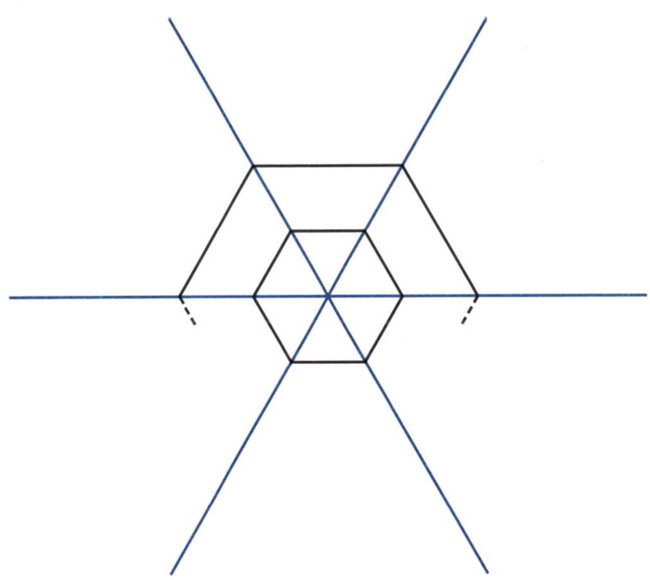

1 Schätze zuerst. Größte Fläche: ____ Kleinste Fläche: ____

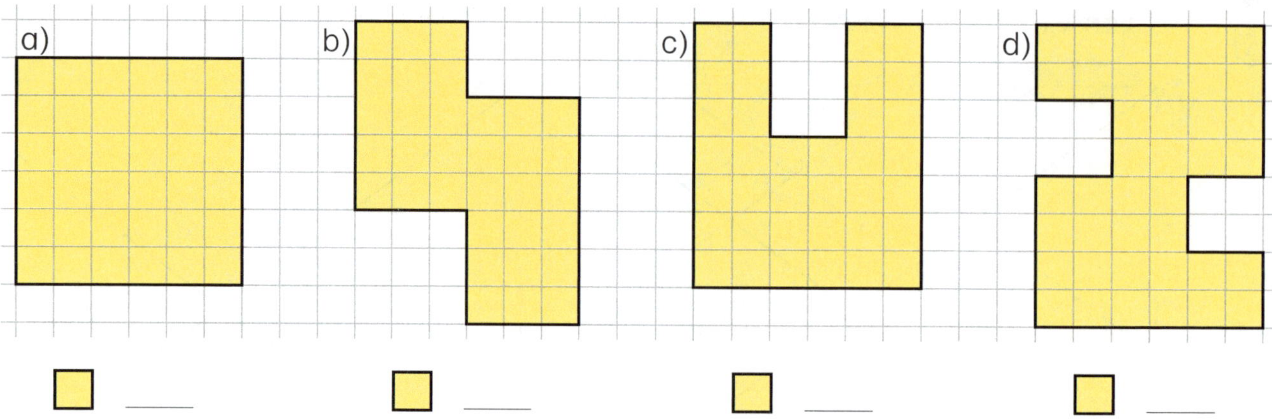

2 Schätze zuerst. Größte Fläche: ____ Kleinste Fläche: ____

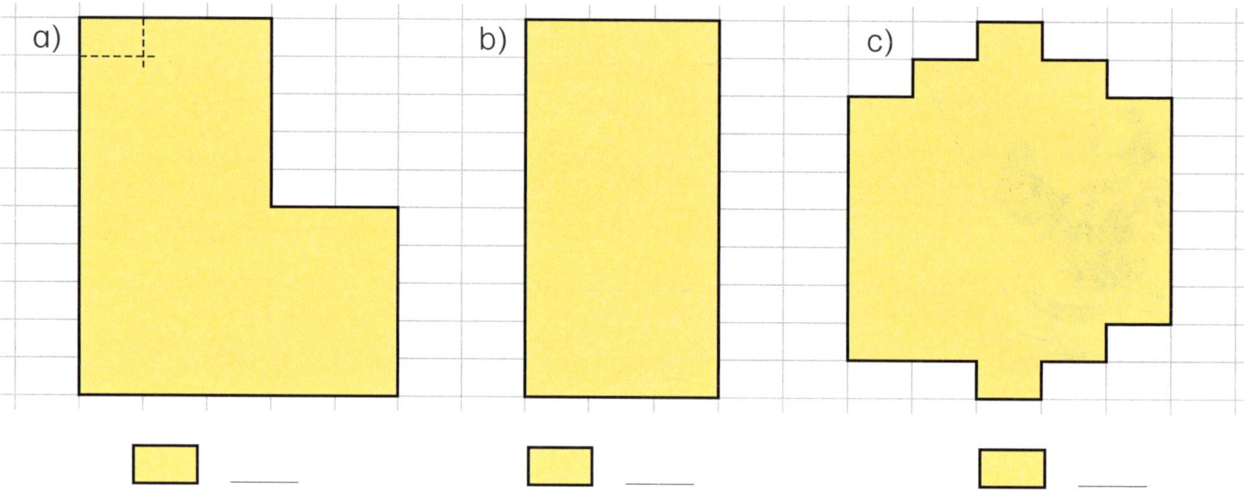

3 Schätze zuerst. Größte Fläche: ____ Kleinste Fläche: ____

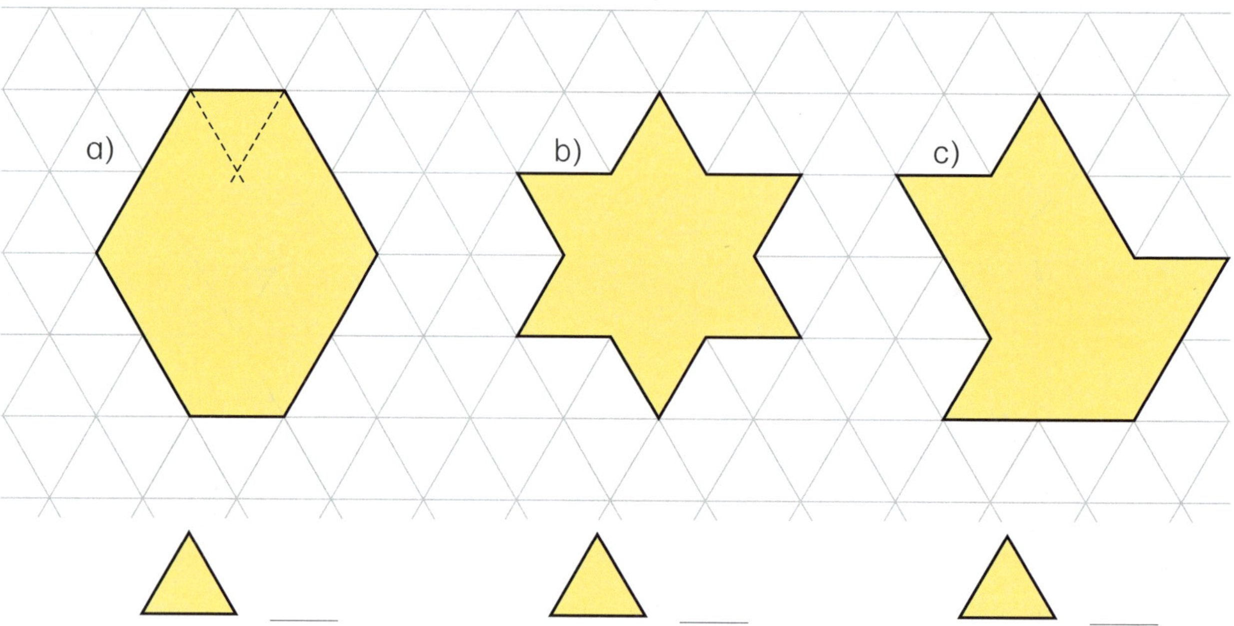

1 Die im Gitter gezeichnete Figur hat eine Fläche von 9 Zentimeterquadraten.

a) Zeichne noch 4 andere Figuren, die auch diese Fläche haben.

b) Bestimme den Umfang jeder Figur.

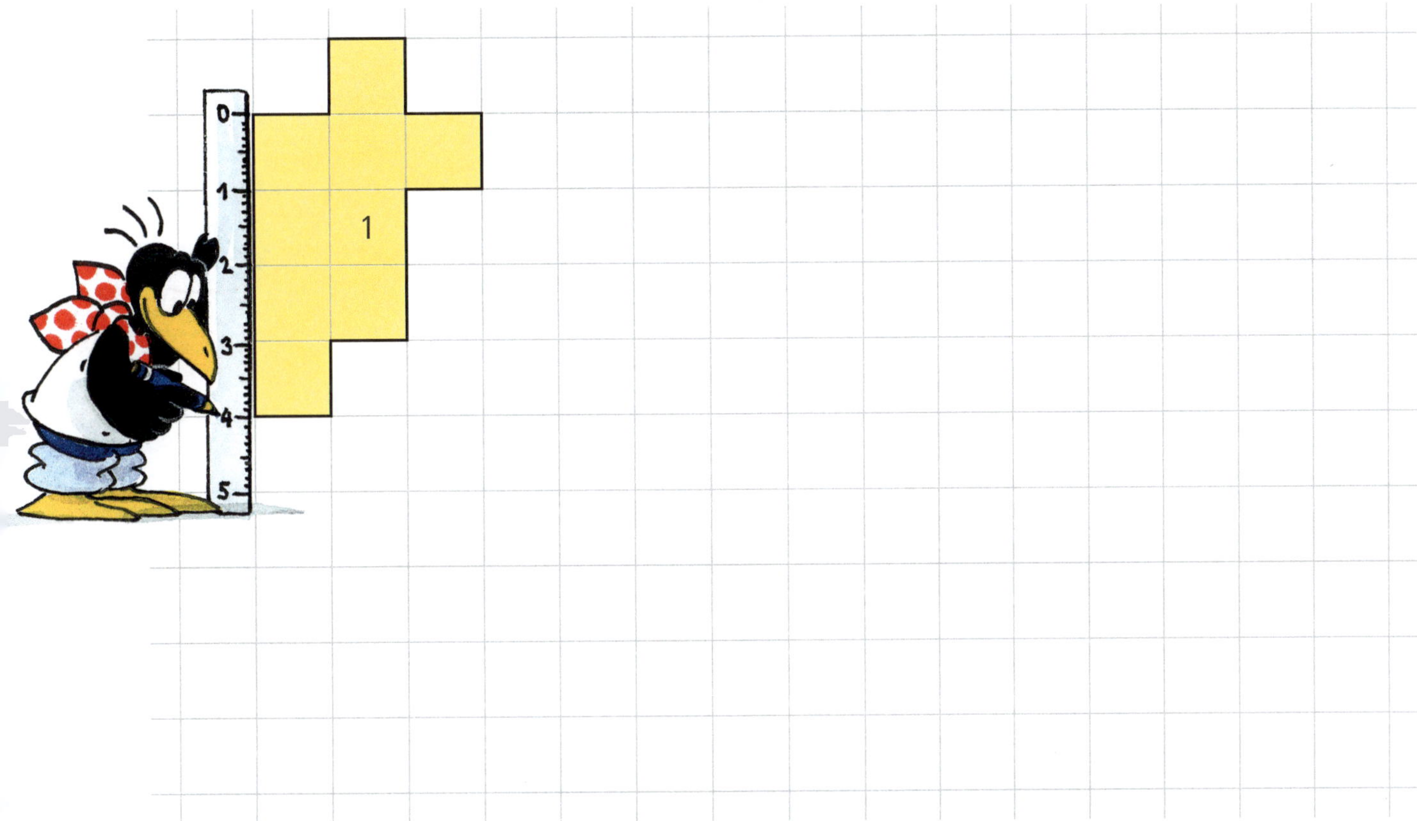

	Figur 1	Figur 2	Figur 3	Figur 4	Figur 5
Umfang	16 cm				

2 Suche jedes Mal den vierten Eckpunkt und zeichne das Rechteck.
Bestimme die Größe der Fläche. Wie groß ist der Umfang?

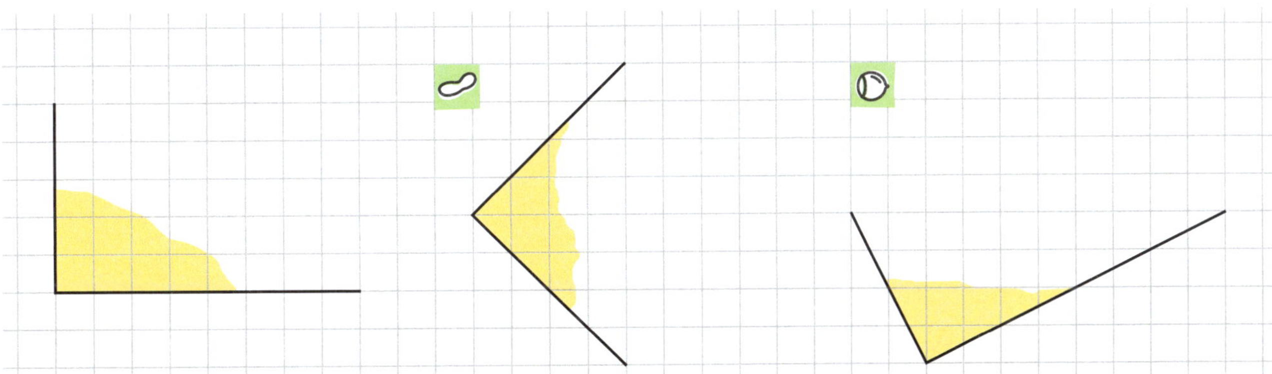

□ ____ □ ____ □ ____

Umfang ____ cm Umfang ____ cm Umfang ____ cm

1

a) Beschrifte.

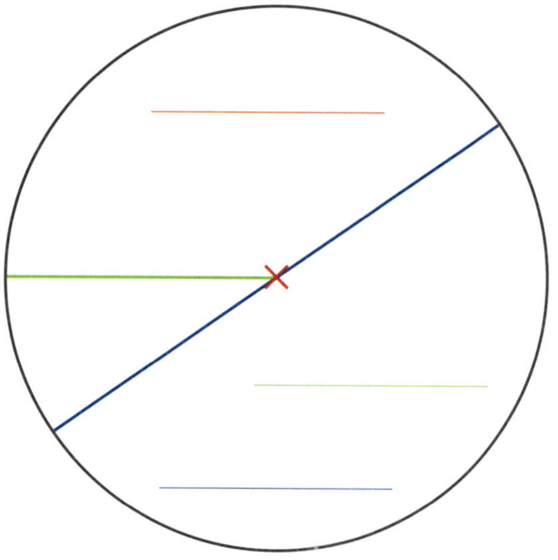

b) Welche Punkte auf der Linie sind Mittelpunkte?
Wie heißt das Lösungswort?

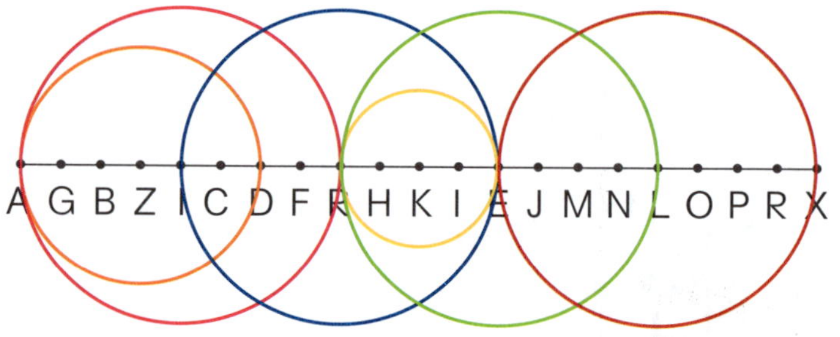

2

a) Zeichne die Muster größer und male sie aus.

b) Zeichne 3 eigene Figuren.

1 Setze die Bandornamente fort und male sie aus. Zeichne ein eigenes Bandornament.

a)

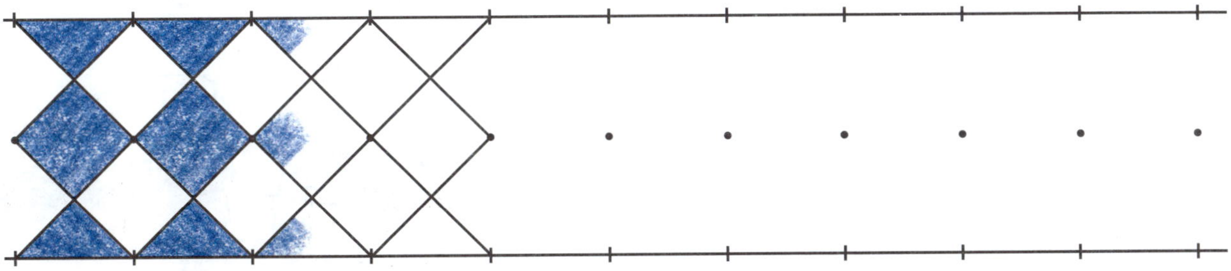

b)

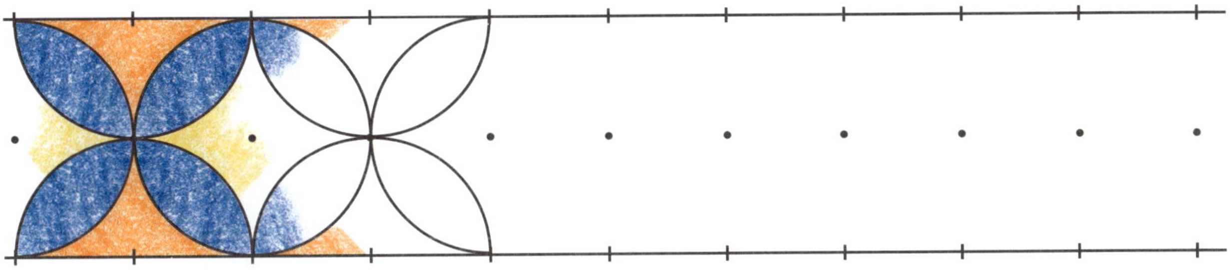

c)

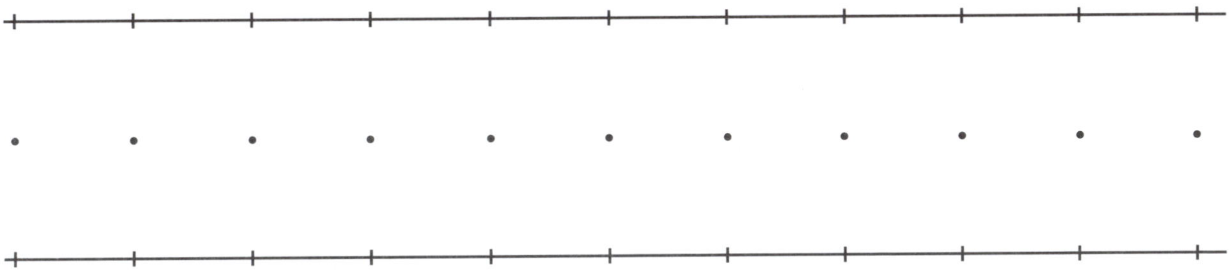

2

a) Vervollständige das Muster und färbe.

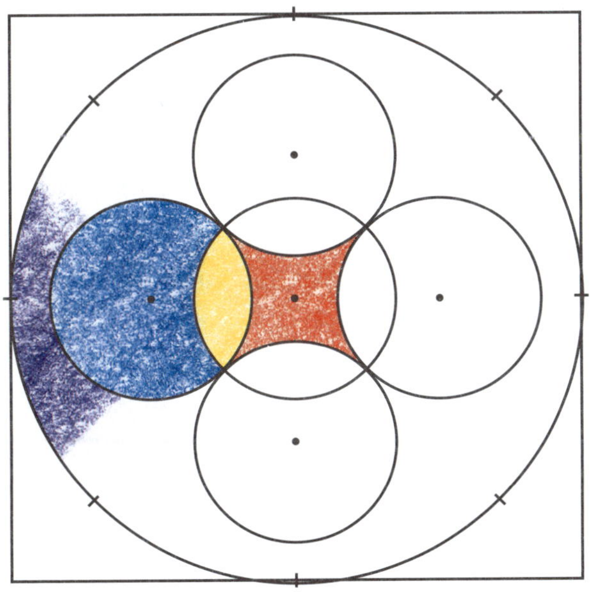

b) Erfinde ein eigenes Muster.

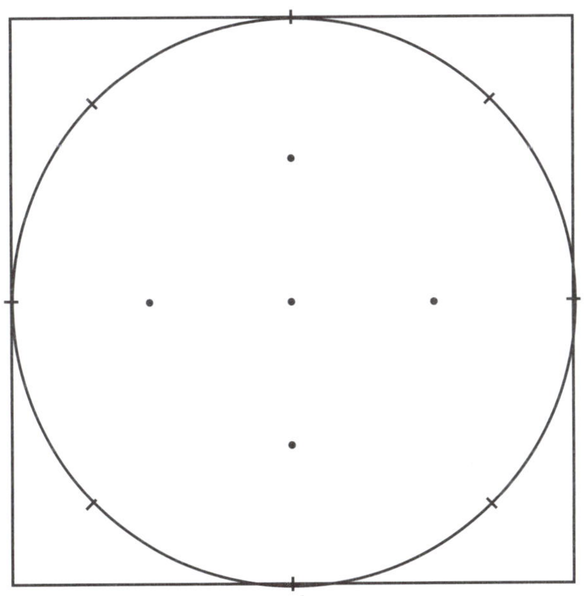

1 Erstelle zu den Zuschauerzahlen der verschiedenen Sendungen ein Diagramm.

Sendungen am Montag	Zuschauerzahlen
Das Europa-Quiz	150 000
Wilde Tiere	90 000
Lokalnachrichten	225 000

Das Europa-Quiz

Wilde Tiere

Lokalnachrichten

---

2 Das Diagramm zeigt die Höchst- und die Tiefsttemperaturen der Tage einer Woche an.

a) Lies die Temperaturen im Diagramm ab und übertrage sie in die Tabelle.

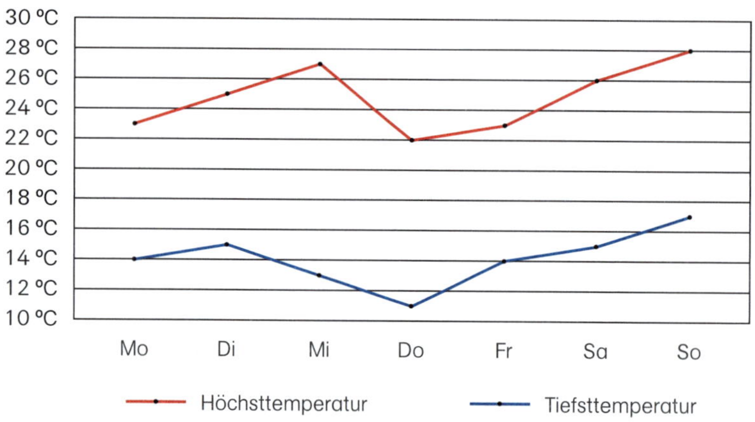

Tag	Höchst-temperatur	Tiefst-temperatur
Montag		
Dienstag		
Mittwoch		
Donnerstag		
Freitag		
Samstag		
Sonntag		

b) Der größte Unterschied zwischen Höchsttemperatur und Tiefsttemperatur an einem Tag war am ______________. Er betrug ____ °C.

---

3 Junge und alte Menschen schauen durchschnittlich so viele Minuten am Tag fern:

3–13 Jahre
93 min

14–29 Jahre
141 min

30–49 Jahre
223 min

ab 50 Jahre
293 min

Erstelle ein Diagramm. Runde und überlege, für wie viele Minuten ein Kästchen steht.

1 Eltern und Schüler der Grundschule am Bayerntor machen eine Verkehrszählung in der Schulstraße. Sie setzen sich für eine Fußgängerampel auf dem Schulweg ein.

Uhrzeit	7–8	8–9	9–10	10–11	11–12	12–13	13–14
Anzahl der Fahrzeuge	卌卌卌卌 卌卌卌卌 卌卌卌卌 卌卌卌	卌卌卌卌 卌卌卌卌 卌卌卌卌 I	卌卌卌卌 卌卌 IIII	卌卌卌卌 卌卌卌 IIII	卌卌卌卌 卌卌卌卌 卌 III	卌卌卌卌 卌卌卌卌 卌卌卌	卌卌卌卌 卌卌卌卌 卌卌卌卌

a) Übertrage die Daten der Strichliste in die Tabelle.

b) Zeichne das Säulendiagramm fertig.

c) Überschlage die Gesamtzahl der Fahrzeuge zwischen 7 und 14 Uhr. ______

Uhrzeit	Fahrzeuge
7–8	75

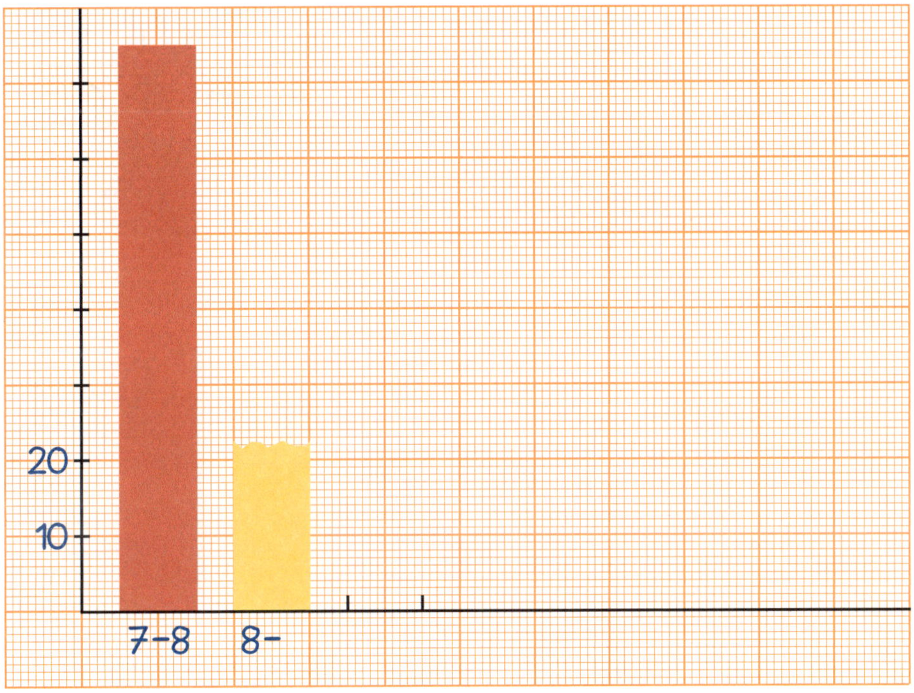

2 Einige Verkehrszähler haben zusätzlich notiert und dargestellt, welche Fahrzeuge im gleichen Zeitraum unterwegs waren.
Beschrifte und färbe das Kreisdiagramm mithilfe der Daten in der Tabelle.

Fahrzeugarten	Anzahl
PKW	124
LKW	62
Bus	29
Mofa	62
Fahrrad	95

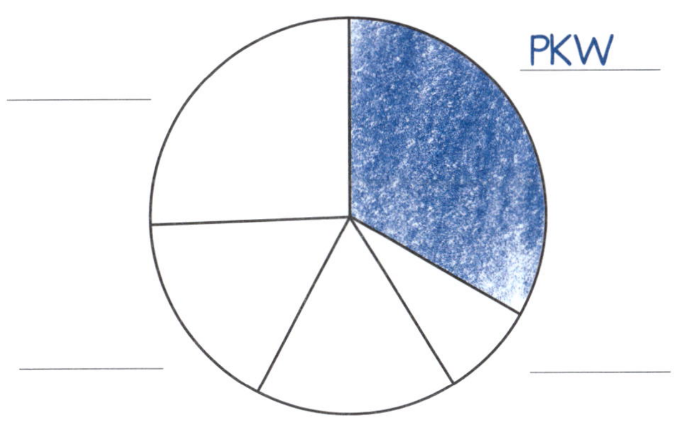

1

1395 · 76 | 2560 · 94 | 8452 · 63 | 8204 · 52

3048 · 98 | 3907 · 48 | 6740 · 27 | 9036 · 35

2

Immer 2 Aufgaben haben das gleiche Ergebnis.

689 · 82

1436 · 32

55225 · 12

1378 · 41

6327 · 89

718 · 64

7050 · 94

15219 · 37

3

Einige Aufgaben sind falsch gelöst. Finde sie mit dem Überschlag und kreuze sie an.

7008 · 43 = 401344 ☐	602 · 98 = 58996 ☐	317 · 57 = 18069 ☐
9063 · 73 = 531599 ☐	4897 · 29 = 102013 ☐	2904 · 61 = 277144 ☐

103

1

a) Ich denke mir eine Zahl, dividiere sie durch 3, multipliziere sie mit 7, addiere 21 und erhalte 42.
Wie heißt meine Zahl?

: 3

☐ ⇄ ☐ ⇄ ☐ ⇄ ☐

b) Ich denke mir eine Zahl, addiere 15, multipliziere mit 3, subtrahiere 25 und erhalte 74.
Wie heißt meine Zahl?

☐ ⇄ ☐ ⇄ ☐ ⇄ ☐

c) Ich denke mir eine Zahl, addiere das Doppelte von 25, subtrahiere 70, dividiere durch 4 und erhalte 3.
Wie heißt meine Zahl?

☐ ⇄ ☐ ⇄ ☐ ⇄ ☐

d) Ich denke mir eine Zahl, multipliziere sie mit 5, addiere die Hälfte von 40, dividiere durch 3 und erhalte 25.
Wie heißt meine Zahl?

☐ ⇄ ☐ ⇄ ☐ ⇄ ☐

2

Schreibe zu jeder Aufgabenkette ein Zahlenrätsel und löse.

a) ☐ $\xrightarrow{+\,420}$ ☐ $\xrightarrow{:\,80}$ ☐ $\xrightarrow{\cdot\,5}$ ☐ $\xrightarrow{+\,90}$ 120

b) ☐ $\xrightarrow{\cdot\,50}$ ☐ $\xrightarrow{\cdot\,4}$ ☐ $\xrightarrow{:\,8}$ ☐ $\xrightarrow{+\,250}$ 375

c) ☐ ⇄ ☐ ⇄ ☐ ⇄ ☐ ⇄ ☐

1

Petras Halskette ist in 4 Teile mit je 3 Ringen zerrissen. Der Juwelier, bei dem sie die Kette reparieren lassen will, verlangt für das Öffnen und Schließen eines Ringes 2 €. Petra hat nur 6,50 € dabei.

Kann sie damit die Reparatur bezahlen?

2

Im Teich schwimmt eine Seerose. Jeden Tag verdoppelt sie ihre Fläche. Der Teich ist dadurch nach einer Woche zugewachsen.

Wie viele Tage würde es dauern, wenn am Anfang 4 Seerosen im Wasser gewesen wären?

3

Am Freitag verabschieden sich alle 27 Kinder der Klasse 4 b mit Handschlag voneinander. Dabei schüttelt jedes Kind jedem anderen die Hand.

Wie viele Handschläge gibt es?

4

Trax sammelt Kerzenstummel. Aus je 9 Kerzenstummeln gießt er wieder eine neue Kerze.

Wie viele Kerzen kann er aus 513 Stummeln herstellen, wenn er auch weiterhin Kerzen abbrennt und auch deren Stummel sammelt?

107

1

In der letzten Stunde sind an der Liftkasse diese Karten verkauft worden.

a) Wie viele Karten wurden verkauft?

b) Wie viel Geld wurde für Einzelfahrten eingenommen?

c) Wie viel Geld wurde für Familienfahrten eingenommen?

Einzelfahrten	Erwachsene	Anzahl	Kinder	Anzahl
Berg- und Talfahrt	9,50 €	326	6,50 €	95
Bergfahrt	7,00 €	84	5,50 €	28
Talfahrt	7,00 €	59	5,50 €	36

Familienfahrten	Eltern und 2 Kinder	Anzahl
Berg- und Talfahrt	27,00 €	147
Bergfahrt	22,00 €	68
Talfahrt	22,00 €	24

d) Mit welchen Fahrkarten wurde das meiste Geld eingenommen?

2

Die 23 Kinder einer Schulklasse werden von 5 Erwachsenen betreut. Alle zusammen wandern zum Gipfel hinauf und fahren mit der Bergbahn wieder herunter.
Wie viel müssen sie für die Karten bezahlen?

1 Zeichne bei jeder Figur alle Symmetrieachsen rot ein.

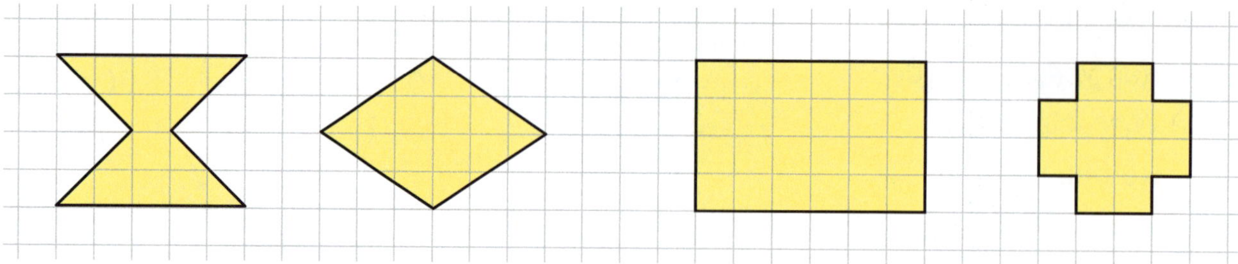

2 Spiegle die Figur mehrmals an den aufeinanderfolgenden Symmetrieachsen.

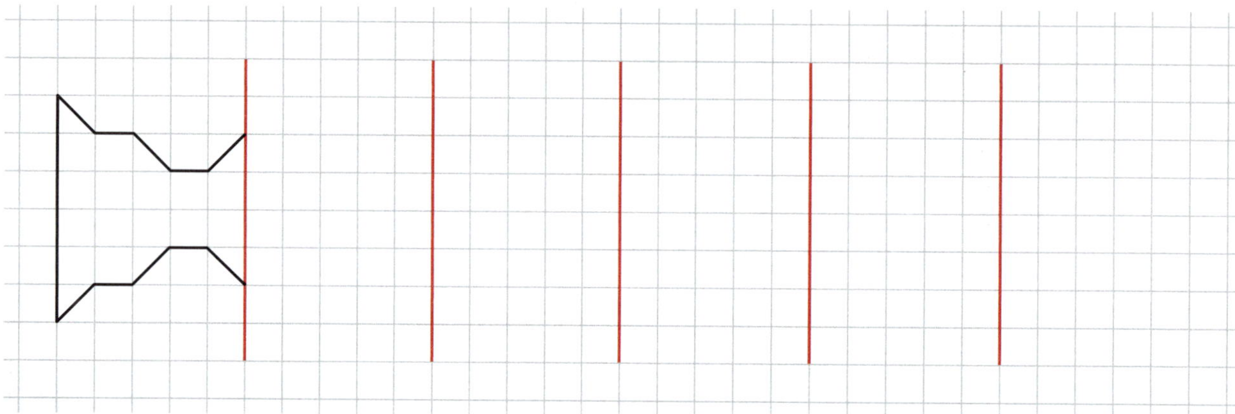

3 Spiegle die Figur an allen 3 eingezeichneten Symmetrieachsen.

a)

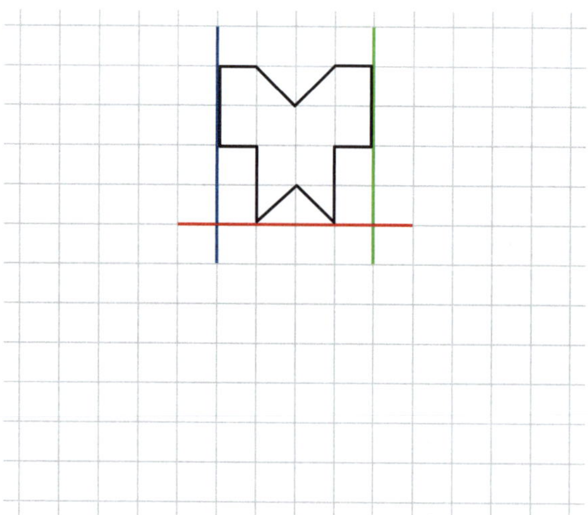

b)

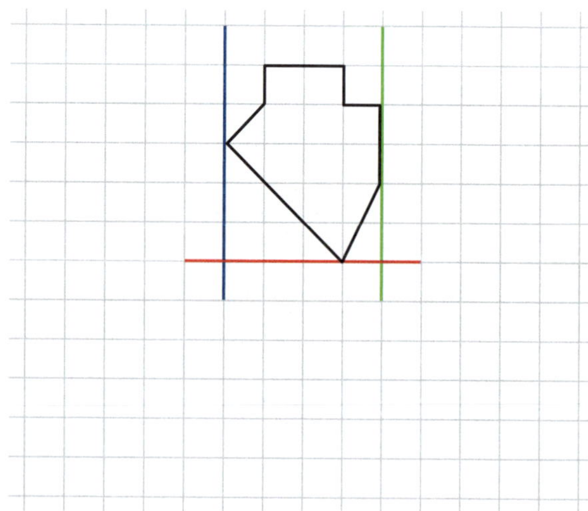

4 Wie geht es weiter?

112

1 Gleiches Zeichen bedeutet gleiche Zahl. Schreibe die passenden Zahlen in die Symbole.

a)

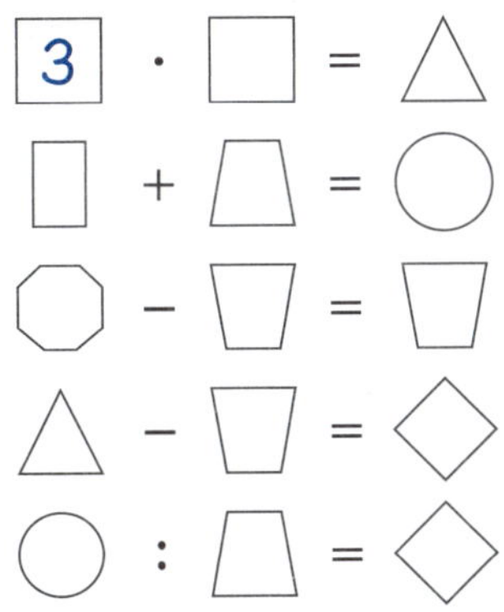

b)

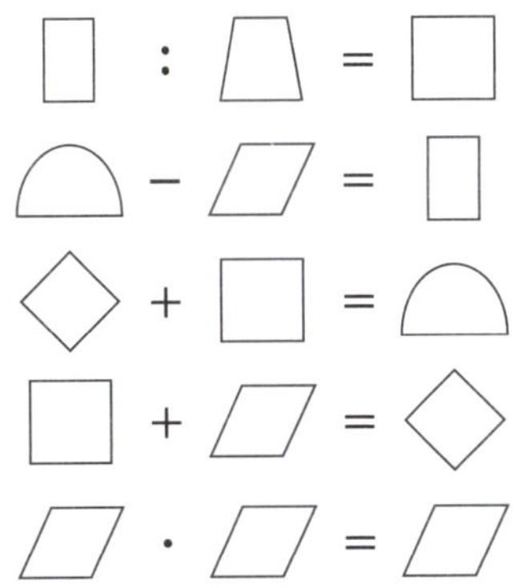

2 a) Beschreibe das Muster. Färbe weiter bis zur 10. Figur.

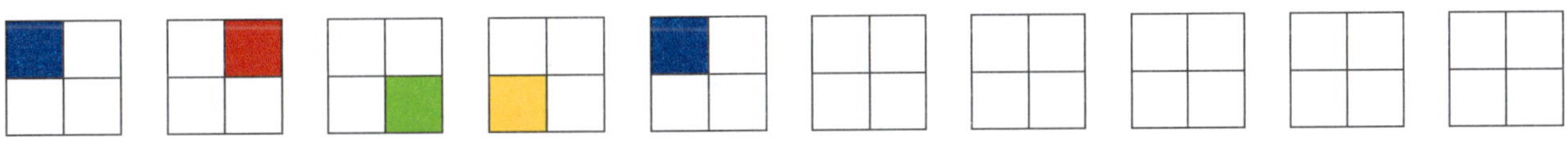

1. 2. 3. 4. 5. 6. 7. 8. 9. 10.

b) Färbe die Figuren, die an folgenden Stellen stehen:

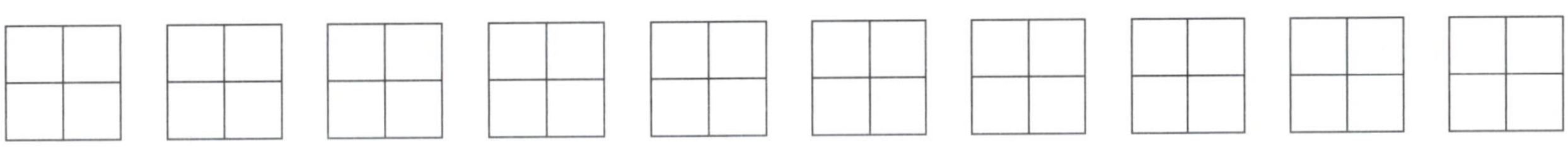

13. 17. 23. 32. 37. 48. 65. 103. 404. 999.

3

waagerecht

A 347 + 370
C das Doppelte von 417
F 80000 – 3000 – 985
H 8400 : 2 + 73
J 23 · 4
K Nachfolger von 570266
M 1800 : (37 + 23)
N 8 · 1111
O 16000 – 236
Q Vorgänger von 299100

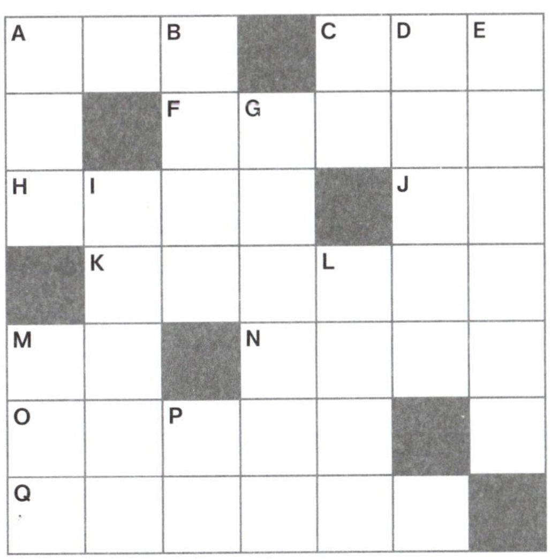

senkrecht

A die Hälfte von 1488
B alle Ziffern gleich
C 8000 : 100
D 32000 – 4 · 8
E 4 mehr als 452777
G 2 · 315000 + 860
I 5Z 5T 8E 2ZT
L 1850 + 999
M 624 : 2
P 21 weniger als 100

1

Hier wohnt Ronjas Familie.

a)

Stimmt das?

____

____

b) Wie groß sind die Räume in Wirklichkeit? Miss in der Zeichnung Länge und Breite, rechne dann um.

$\cdot\, 100$

		Zeichnung	Wirklichkeit
Wohnen	lang	5,0 cm	500 cm = 5,00 m
	breit		
Kind	lang		
	breit		
Eltern	lang		
	breit		
Bad	lang		
	breit		
Küche	lang		
	breit		
Garten	lang		
	breit		

c) Ronjas Vater möchte über die schmale Stelle im Teich eine 60 cm breite Holzbrücke bauen. Wie lang muss die Brücke mindestens werden? ____________________
Zeichne die Brücke in den Plan ein.

d) Die Familie möchte eine Terrasse direkt vor der Tür zum Garten anlegen. Hierzu hat Ronjas Vater 40 quadratische Bodenplatten mit einer Seitenlänge von 50 cm gekauft. Wie könnte die Terrasse aussehen? Zeichne ein.

1

a) Füge die richtigen Angaben ein:

Boeing 737-700

Die B 737-700 gehört mit einer Länge von ________ und einer Spannweite von ________ zu den Mittelstreckenflugzeugen. ________ Triebwerke machen bei einer Tankkapazität von ________ eine Reichweite von ________ möglich. Mit ________ Plätzen in der Business Class und ________ Plätzen in der Economy Class können insgesamt ________ Passagiere bei einer durchschnittlichen Reisegeschwindigkeit von ________ befördert werden. Der Treibstoffverbrauch ist mit ________ pro Flugstunde relativ gering.

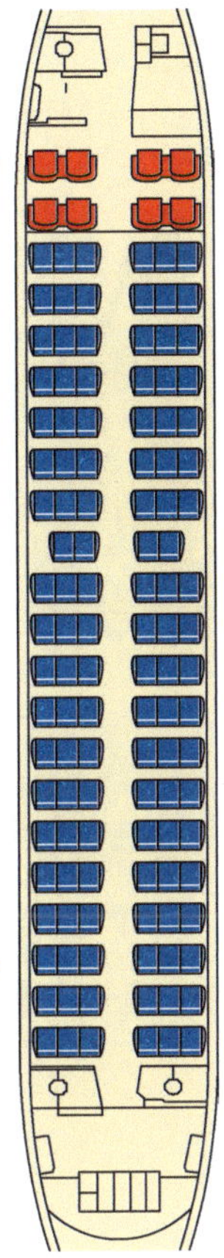

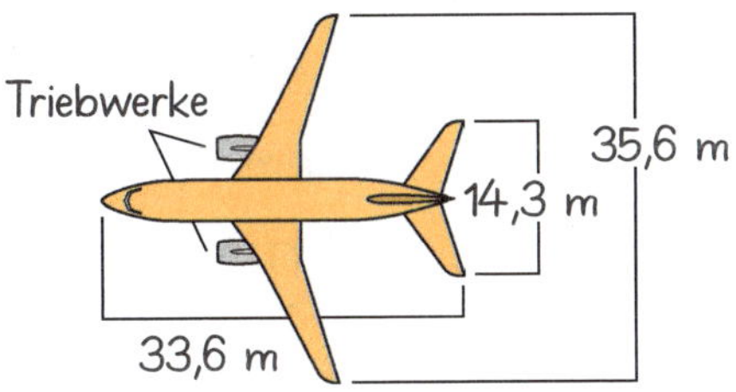

3680 l | 6038 km | 850 km/h | 26035 l

b) Vervollständige die Tabelle:

Flugzeit	1 h	2 h	3 h		
Flugstrecke	____ km				
Treibstoffverbrauch	____ l				

2

Eine B 737-700 fliegt von Frankfurt nach Reykjavik.

a) Wie lang ist die Flugstrecke?

b) Wie lange wird der Flug ungefähr dauern?

c) Muss in Reykjavik für den Rückflug nachgetankt werden, wenn in Frankfurt alle Tanks voll waren?

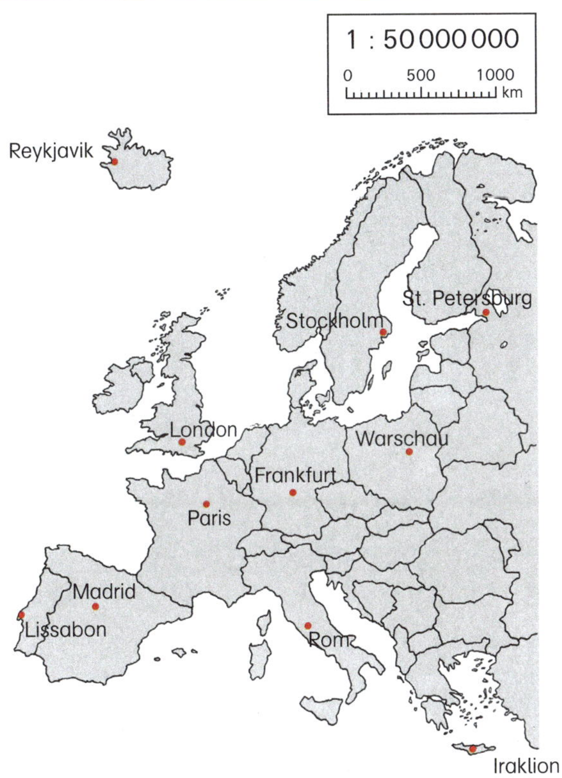

1 Die 8 Planeten umrunden auf Umlaufbahnen die Sonne.

a) Was passt zusammen?

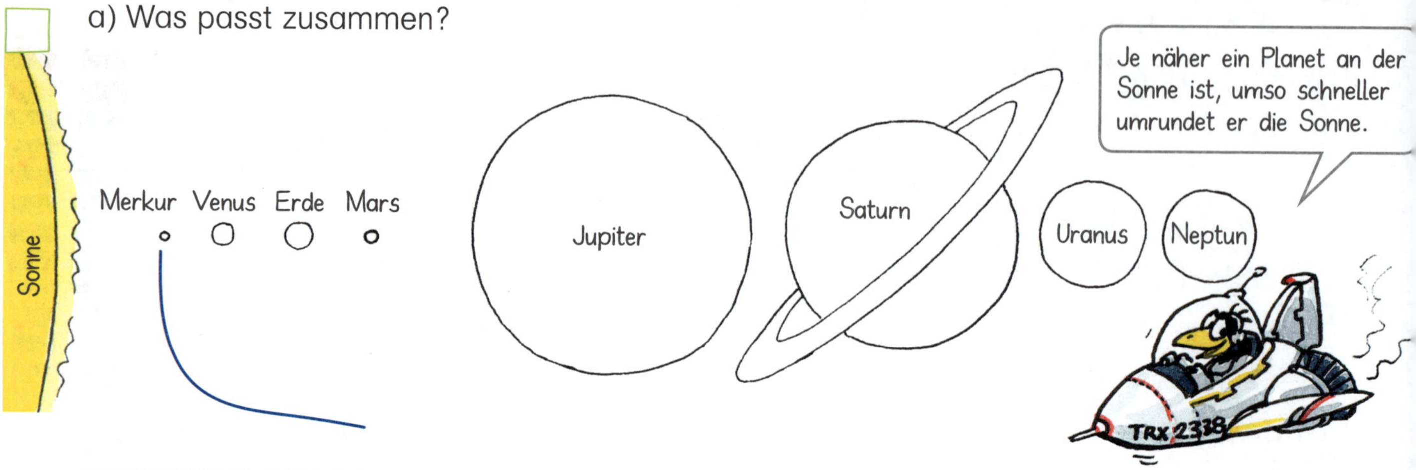

1 Jahr	225 Tage	88 Tage	$29\frac{1}{2}$ Jahre	84 Jahre	165 Jahre	687 Tage	12 Jahre

b) Mit diesem Merkspruch kannst du dir die Reihenfolge der Planeten merken:

Mein **V**ater **e**rklärt **m**ir **j**eden **S**onntag **u**nseren **N**achthimmel.

Merkur
Venus

2

a) Berechne die Zeitdauer von Sonnenaufgang (SA) bis Sonnenuntergang (SU).

20. März

SA 6.15 Uhr	___ h ___ min →	SU 18.12 Uhr

21. Juni

SA 4.58 Uhr	___ h ___ min →	SU 21.18 Uhr

23. September

SA 7.01 Uhr	___ h ___ min →	SU 18.55 Uhr

21. Dezember

SA 8.14 Uhr	___ h ___ min →	SU 15.54 Uhr

b) Berechne die Zeitdauer von Mondaufgang (MA) bis Monduntergang (MU).

1. Mai

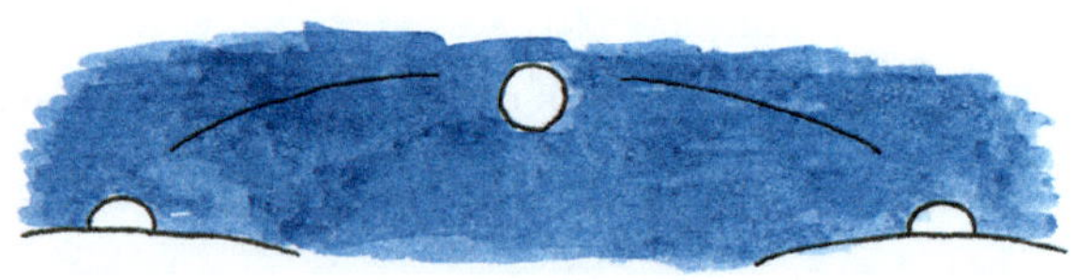

MA 11.24 Uhr	___ h ___ min →	MU 2.22 Uhr

1. Juli

MA 16.13 Uhr	___ h ___ min →	MU 0.35 Uhr

1. September

MA 18.38 Uhr	___ h ___ min →	MU 2.29 Uhr

1. November

MA 15.38 Uhr	___ h ___ min →	MU 5.18 Uhr

120 121

1

Abfahrt Departure — Augsburg Hbf

DB

Zeit Time	Zug Train	Richtung Destination	Gleis Track
		12:00	
12:02	**BRB** 86632	R2 Au-Haunstetterstraße 12:04 – Au-Hochzoll 12:08 – **Friedberg (Augsburg) 12:11**	**101**
12:03	**ICE** 518	Ulm 12:49 – Stuttgart 13:47 – Mannheim 14:28 – Frankfurt (M) ✈ Airport 15:06 – Siegburg/Bonn 15:47 – Köln 16:05 – Düsseldorf 16:31 – Duisburg 16:44 – Essen Hbf 16:57 – Bochum 17:08 – **Dortmund Hbf 17:21**	**1**
12:06	**RE** 57025 **RE** 57225	R1 Au-Haunstetterstraße 12:08 Mering-St Afra 12:18 – Mering 12:20 – München-Pasing ✈ 12:39 – **München Hbf 12:47**	**9**
12:09	**ICE** 1605	München-Pasing ✈ 12:31 – **München Hbf 12:41**	**3**
12:11	**BRB** 86524	**R11 Au-Oberhausen 12:14**	**6 Nord**
12:14	**BRB** 86634	**R2 Aichach 12:42**	**2 Süd**
12:15	**RE** 57566	R7 Schwabmünchen 12:32 – **Buchloe 12:43**	**8 Süd**
12:17	**EC** 218	Günzburg 12:46 – Ulm 13:02 – Stuttgart 14:01 – Heidelberg 14:44 – Weinheim (Bergstr) 14:59 – Bensheim 15:08 – Darmstadt 15:22 – **Frankfurt (Main) Hbf 15:40**	**1**
12:22	**RE** 57108	R6 Dinkelscherben 12:50 – Günzburg 13:18 – **Ulm Hbf 13:39** Hält auf allen Unterwegsbahnhöfen	**3**
12:22	**RE** 57968	**R7 Bobingen 12:34**	**9 Süd**
12:24	**RE** 57308 **RE** 57328	R4 Donauwörth 12:57 – Otting-Weilheim 13:10 – **Treuchtlingen 13:20**	**3**
12:27	**BRB** 86636	R2 Au-Haunstetterstraße 12:29 – Au-Hochzoll 12:33 – **Friedberg (Augsburg) 12:37**	**101**
12:29	**RE** 3188	Buchloe 12:52 – Kempten 13:42 – Immenstadt 13:56 – Oberstaufen 14:11 – Heimenkirch 14:28 – **Lindau Hbf 14:59**	**9 Nord**
12:30	**IC** 2082	Donauwörth 12:47 – Treuchtlingen 13:08 – Gunzenhausen 13:22 – Ansbach 13:42 Steinach (b Rothenb) 14:02 – Würzburg 14:36 – Fulda 15:16 – Kassel-Wilhemshöhe 15:52 – Göttingen 16:13 – Hannover 16:54 – Celle 17:16 – Uelzen 17:40 – Lüneburg 17:56 – Hamburg-Harburg 18:17 – Hamburg Hbf 18:28 – Hamburg Dammtor 18:35 – **Hamburg Altona 18:44**	**5**

a) Wohin fährt der Zug um 12.17 Uhr? ____________

b) Wann fährt der RE nach Lindau ab? ____________

c) Wann ist der IC 2082 in Hamburg-Altona? ____________

d) Welche Zugnummer hat der Zug nach Ulm? ____________

e) Wann ist der Zug, der um 12.06 Uhr abfährt, in München? ____________

2

Abfahrt	Zug	nach	an	Fahrzeit
12.03		Dortmund	17.21	h min
		Treuchtlingen		
	ICE 1605			
			15.40	

3

Wohin ist Trax von Augsburg aus gefahren?

1 Ergänze die fehlenden Zahlen.

a)

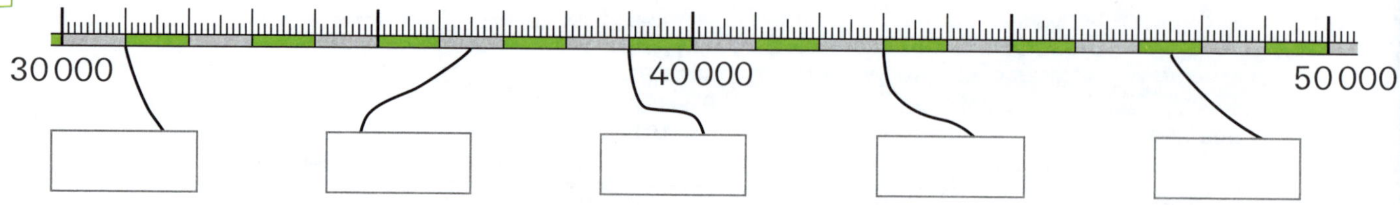

b)

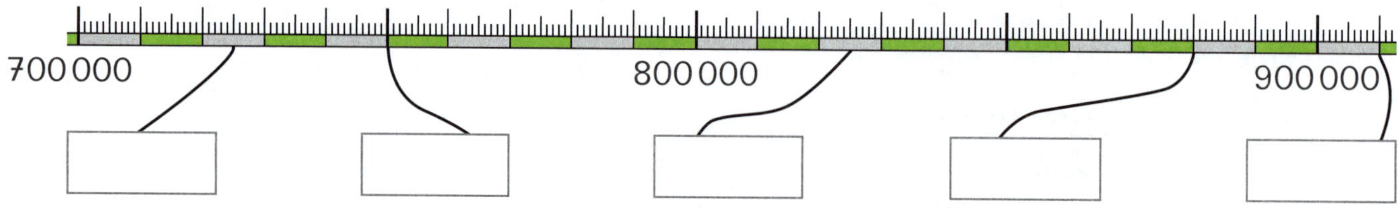

2

a) Runde auf Tausender.

142 787 ≈ ______
677 560 ≈ ______
390 490 ≈ ______
879 001 ≈ ______

b) Runde auf Zehntausender.

237 907 ≈ ______
594 761 ≈ ______
286 345 ≈ ______
799 999 ≈ ______

c) Runde auf Hunderttausender.

269 504 ≈ ______
808 986 ≈ ______
249 576 ≈ ______
970 101 ≈ ______

3 Rechne schriftlich.

a) 499 980 + 32 978 b) 120 608 − 99 729 c) 54 472 · 5 d) 776 286 : 9

4 Rechne um.

a) 36 kg 25 g = ________ g

2 kg 452 g = ________ g

b) 3 h 25 min = ________ min

1 h 12 min = ________ s

5 Berechne und gib das Ergebnis in der vorgegebenen Einheit an.

a) 22 kg + 11 g + 33 kg 240 g = ________ g

b) 5 km − 1110 m + 2 $\frac{1}{2}$ km = ________ m

6 Der Spielwürfel wird gekippt: Zuerst in das Feld A, dann nach B und zum Schluss nach C. Schreibe auf, welche Augenzahl jeweils oben ist.

A: _____ B: _____ C: _____

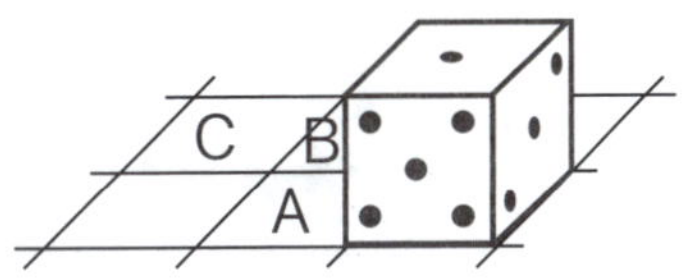

7 Für die Oper in Verona gibt es verschiedene Preiskategorien. Eine Karte für den roten Bereich ganz vorne kostet 120 €, für den mittleren grünen Bereich zahlt man 100 € und für den blauen Bereich ganz hinten 50 €. Von den roten Bereichskarten wurden insgesamt 98, von den grünen Karten 120 verkauft. Insgesamt hat der Veranstalter 32 760 € eingenommen. Wie viel blaue Karten wurden insgesamt verkauft?

17192	L
8	K
2450	Z
2499	A
7	L
17391	O
22111	S
22011	B
25404	W
205	U
55	C
25	D
4700	H
28	N
25403	E
45	G
470	T
26	E

Lösungswort: | | | | | | | | | |